U0958527

主　编：陈喜春（四川仪表工业学校）
宋　刚（中国地质调查局勘探技术研究所）
主　审：王仲民（天津职业技术师范大学）
陈晓林（中国地质调查局勘探技术研究所）
副主编：李振东（莱芜技师学院）
邓莎莎（四川仪表工业学校）
骆书芳（集美工业学校）
杨　雄（四川仪表工业学校）
参　编：李东明（四川仪表工业学校）
杨　睿（重庆市铜梁职业教育中心）
刘　洪（重庆市荣昌区职业教育中心）
江　念（四川仪表工业学校）
李建国（四川仪表工业学校）
谢婷婷（四川仪表工业学校）
刘钰莹（重庆市轻工业学校）
魏太群（重庆市三峡水利电力学校）
黄　丹（重庆市涪陵区职业教育中心）
张立超（重庆市渝北职业教育中心）
杨海林（重庆市奉节职业教育中心）
田进宏（重庆华中数控技术有限公司）

机械制图
习题集

西南大学出版社
SWUP 国家一级出版社 全国百佳图书出版单位

图书在版编目(CIP)数据

机械制图习题集 / 陈喜春，宋刚主编. -- 重庆：西南大学出版社，2024. 8. -- ISBN 978-7-5697-2462-2

Ⅰ. TH126-44

中国国家版本馆 CIP 数据核字第 2024RC1360 号

机械制图习题集

JIXIE ZHITU XITIJI

陈喜春　宋　刚　主编

责任编辑：曾　文
责任校对：尹清强
装帧设计：汤　立
排　　版：江礼群
出版发行：西南大学出版社（原西南师范大学出版社）
　　　　　地址：重庆市北碚区天生路 2 号
　　　　　邮编：400715
　　　　　电话：023-68868624
印　　刷：重庆紫石东南印务有限公司
成品尺寸：185 mm×260 mm
印　　张：10.25
字　　数：220 千字
版　　次：2024 年 8 月　第 1 版
印　　次：2024 年 8 月　第 1 次
书　　号：ISBN 978-7-5697-2462-2
定　　价：39.00 元

机械制图习题原图

PREFACE 前言

党的二十大报告提出，“我们要坚持教育优先发展、科技自立自强、人才引领驱动，加快建设教育强国、科技强国、人才强国，坚持为党育人、为国育才，全面提高人才自主培养质量，着力造就拔尖创新人才，聚天下英才而用之”。为优化职业教育类型定位，提高制造业技能人才培养质量，着力深化产教融合，改革课程体系和教材建设具有十分重要的意义。本书是陈喜春、高士生主编的《机械制图（第二版）》教材配套用书，习题集的内容编排顺序与配套教材一致。全书内容包括图样基本知识的学习、几何图形的绘制、投影的形成、立体及其表面交线的绘制、轴测图的绘制、组合体三视图的绘制、机件的表达、常用标准件的表达、零件图的识读、装配图的绘制共十个项目。

本书在编写过程中，全面落实立德树人的根本任务，坚持以市场人才需求为导向，围绕学生职业能力培养，结合中职学生认知规律和技能人才成长规律，加强基础理论，注重能力培养；强化应用性、实用性技能训练。

本书基于“岗课赛证”综合育人机制，按照生产实际和岗位需求设计教材体系及内容，着重提升学生实践能力，将技能考核点分解到各个项目任务中，以期全面提高学生综合实践能力。本书内容符合新颁布的技术制图和机械制图相关国家标准，由易到难、由浅入深，适合不同层次、不同专业的学生。不同学校在使用本书时，可根据需要加以取舍。

本书的编写团队由中职学校、高校和企业的教师和一线技术人员组成，在编写过程中，校企双方编写人员力求体现校企合作特色，努力将教材高质量地呈现给广大师生。因此，全书内容在选取上也注重培养学生的综合能力：提升专业学习兴趣，塑造良好职业素养，树立社会主义核心价值观，养成安全和绿色环保意识，培养劳动精神、工匠精神和科学精神。另外，我们在习题集中适当增加了填空题和选择题，强调教学互动，避免忽视部分制图国家标准基础知识。本书可作为技工学校、中等职业学校机械类及工程技术类相关专业“机械制图”课程的辅学用书，也可供相关工程技术人员参考。

由于编者水平有限，书中难免有不足之处，敬请广大读者提出宝贵意见和建议。

CONTENTS 目录

项目一

图样基本知识的学习

任务一　学习图样绘制的基本规定

1.1.1　字体练习(1)	班级		姓名		学号	

0123456789ØR

ABCDEFGHIJKLMNOPQRSTUVWXYZ

abcdefghijklmnopqrstuvwxyz

1.1.2　字体练习(2)	班级		姓名		学号	

职 业 技 术 机 械 制 图 学 校 审 核 比 例 材 料 数 量 成 绩 班 集 件

壳 架 体 通 倒 圆 角 沉 条 杆 套 端 盖 螺 纹 齿 轮 柱 钉 阀 孔 锥 台

1.1.3 制图的基本规定	班级		姓名		学号	

1. 在空白处抄画平面图形(放大一倍,尺寸从图中量取)。

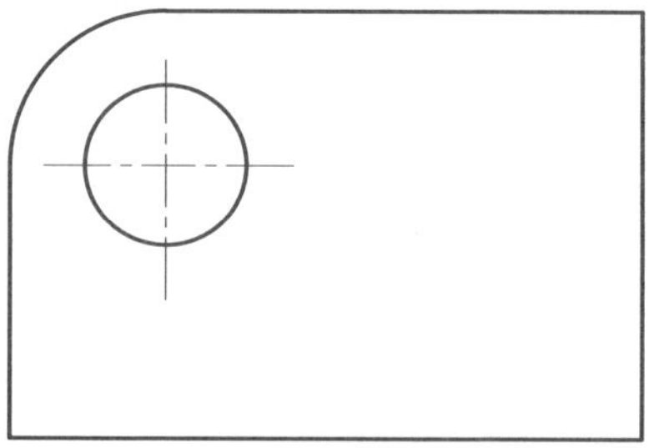

2. 在空白处抄画标题栏。

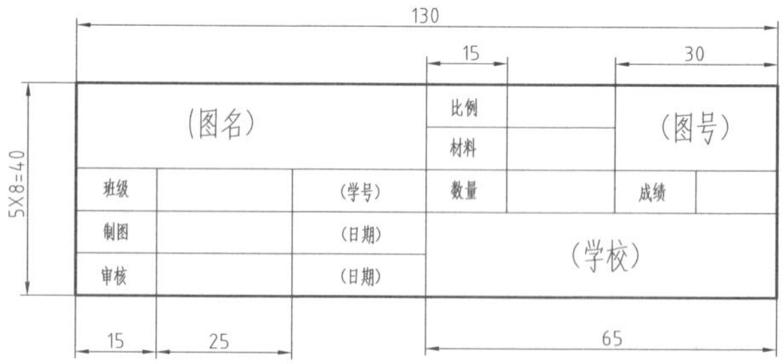

1.1.4　图线抄画	班级		姓名		学号	

作业要求：

抄画：①线型，不标注尺寸；②绘制标题栏；③图画整洁，线型规范，字体工整，符合国家标准。图名：基本练习。图幅：A4图纸。比例：1∶1。

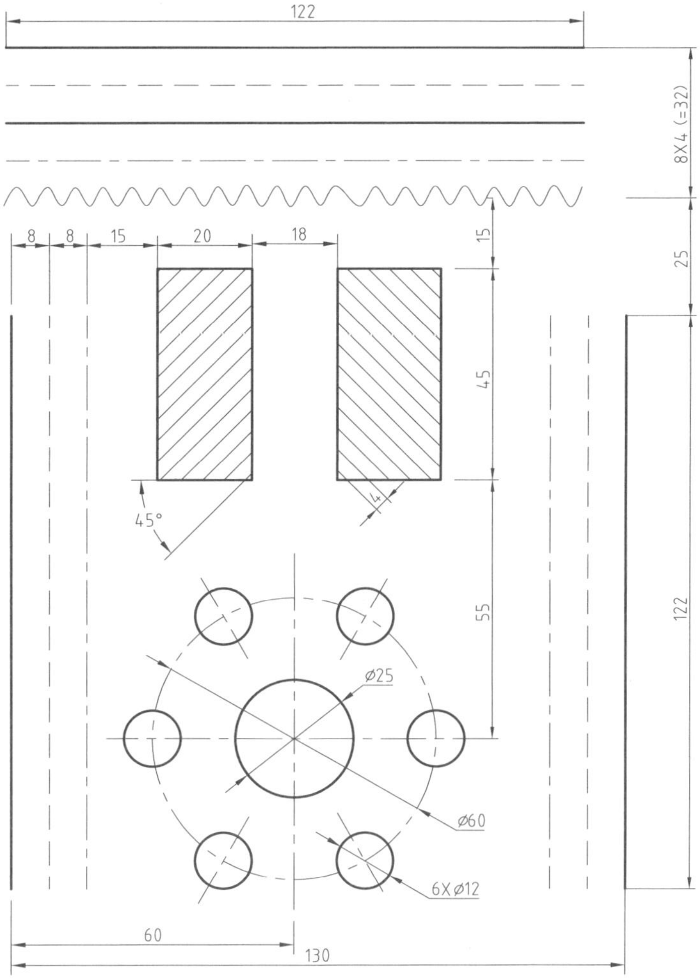

任务二　学习尺寸标注规则

1.2.1　分析图形尺寸标准，并改正	班级		姓名		学号	

1. 分析作图错误的尺寸标注，并在右图中正确标注出。

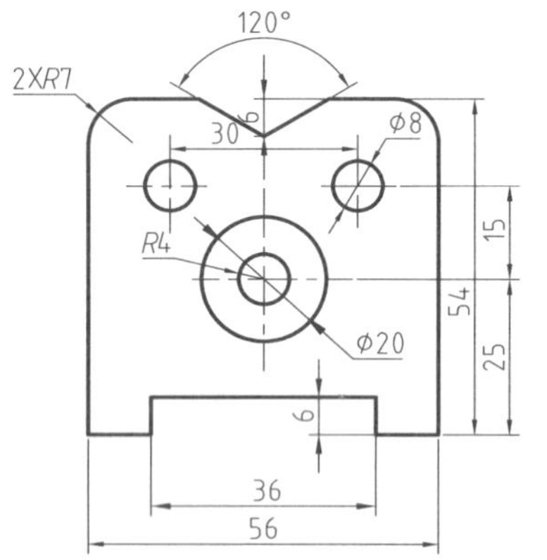

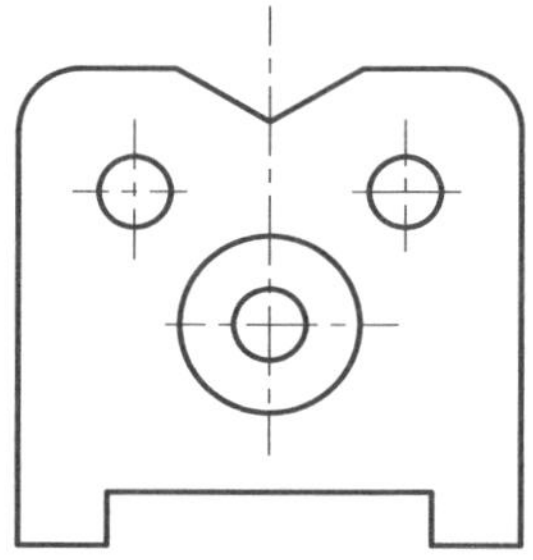

2. 检查左图尺寸注法的错误，将正确注法注在右图中。

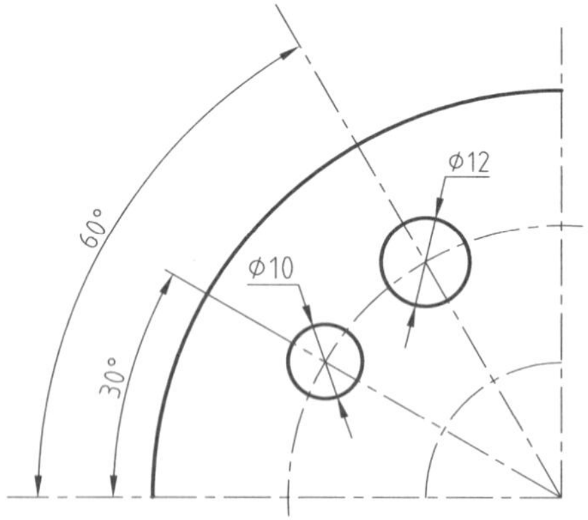

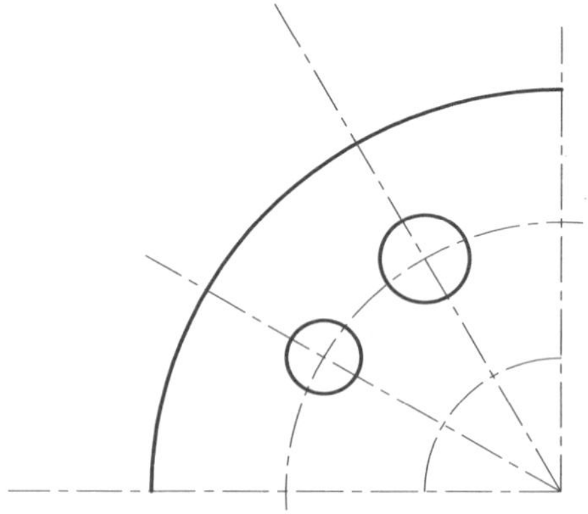

1.2.2 按图形实际尺寸量取(取整数)标注尺寸	班级		姓名		学号	

1.

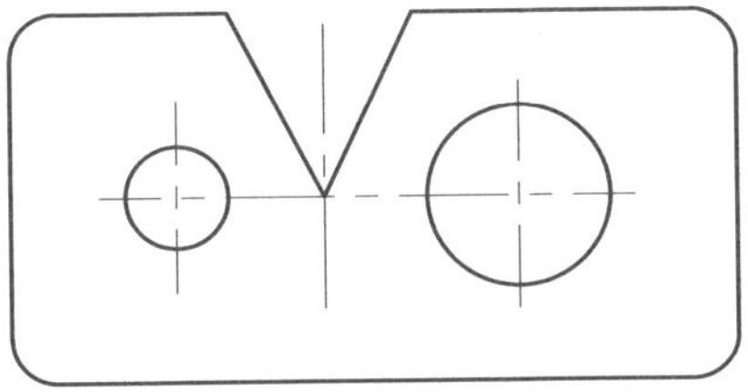

2.

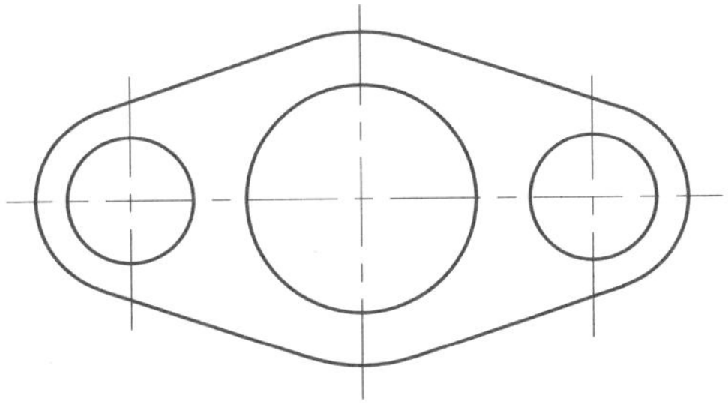

3.

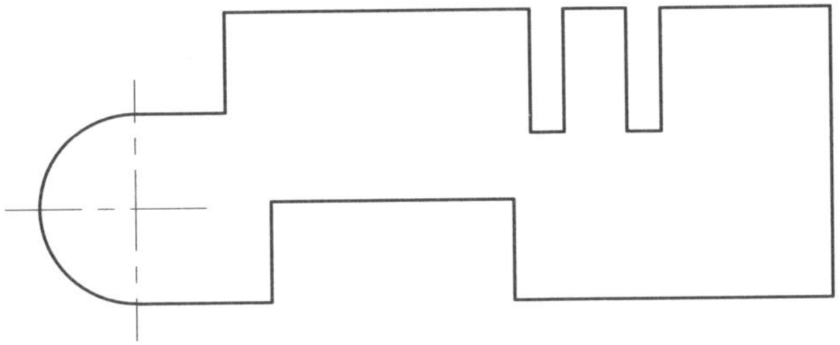

4.

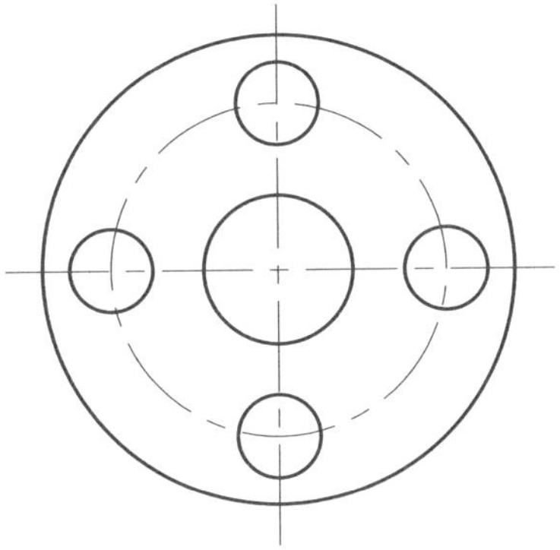

项目二

几何图形的绘制

任务一　绘制简单几何图形

2.1.1　等分线段及圆	班级		姓名		学号	

1.对以下线段进行六等分。

2.作圆的内接正三角形。

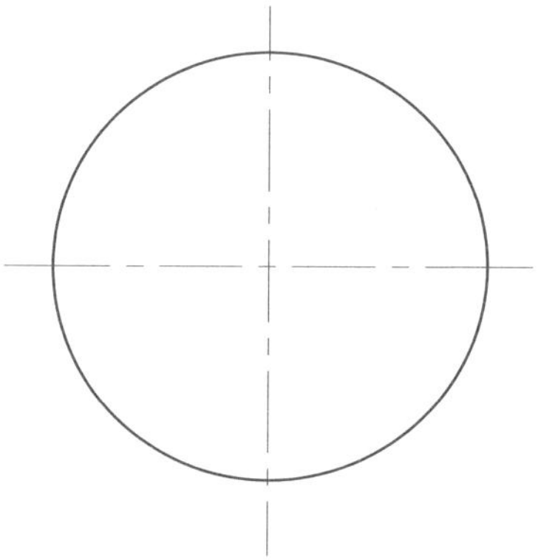

3.作圆的内接正六边形。

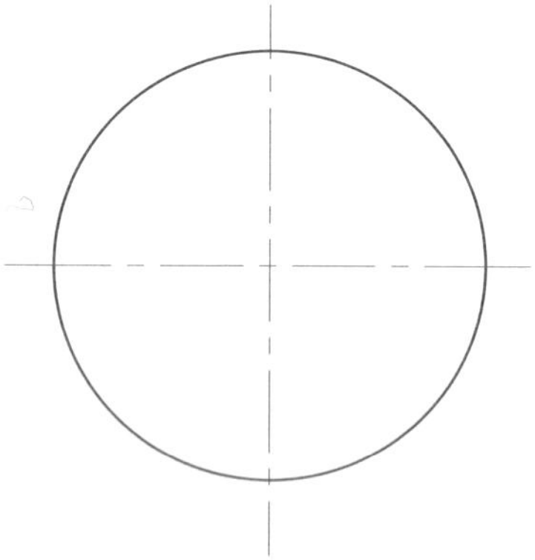

4.作圆的内接正五边形。

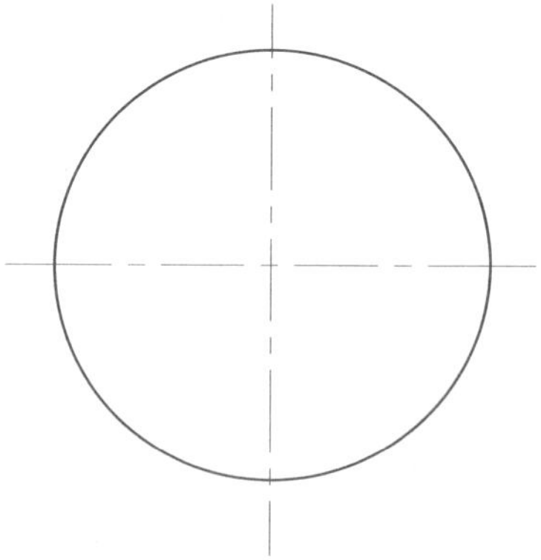

2.1.2　抄画图形	班级		姓名		学号	

1.按比例1∶1抄画如下图形,并标注尺寸。

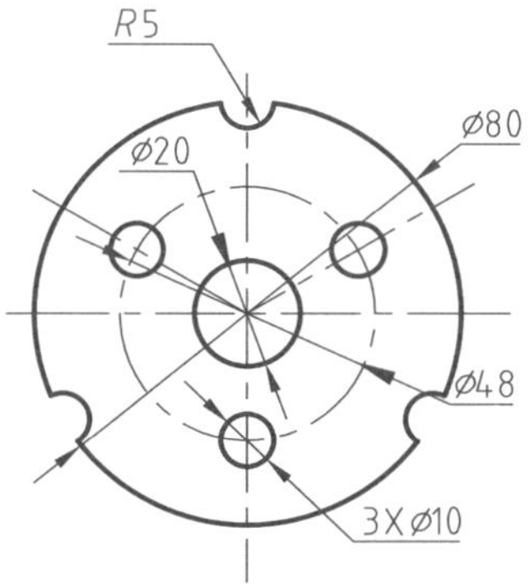

2.按比例1∶2抄画如下图形,并标注尺寸。

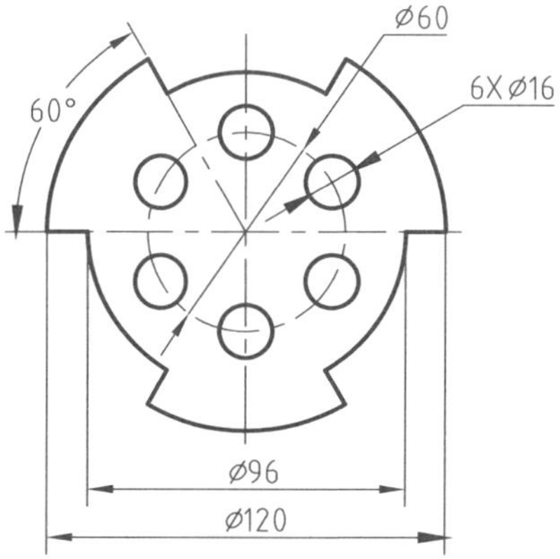

3.按比例1∶1抄画如下图形,并标注尺寸。

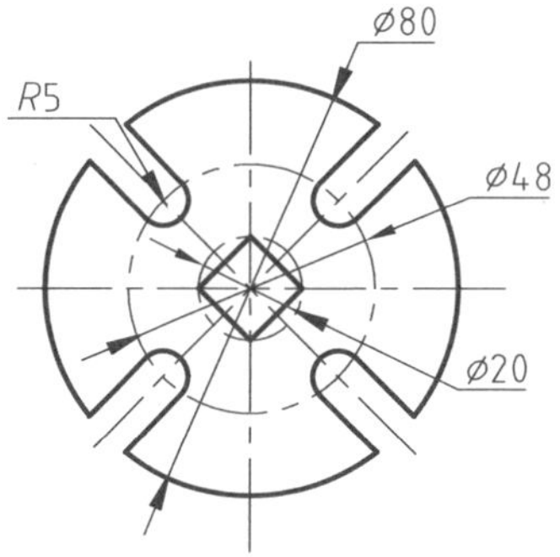

2.1.3　绘制带斜度和锥度的几何图形	班级		姓名		学号	

1.用1：1比例在规定位置绘制左边图形，并标注尺寸。

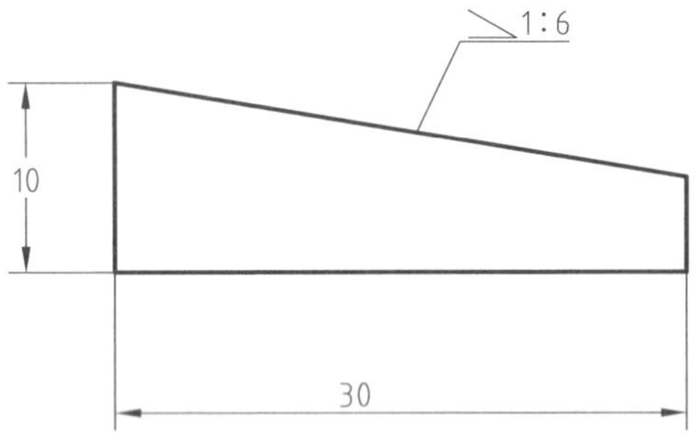

2.用1：1比例在规定位置绘制左边图形，并标注尺寸。

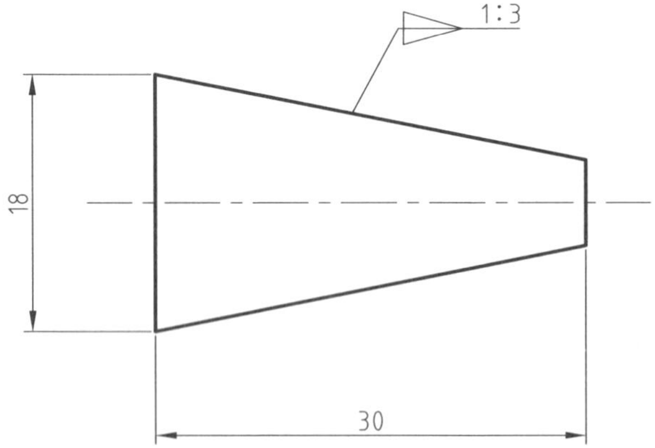

2.1.4　参照左图绘制圆弧连接并作上标注	班级		姓名		学号	

1.

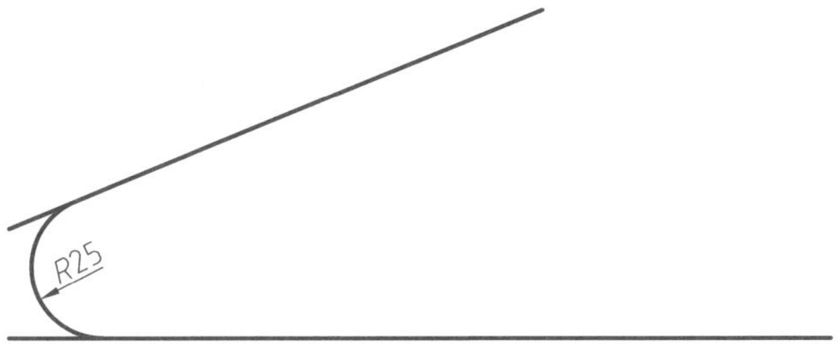

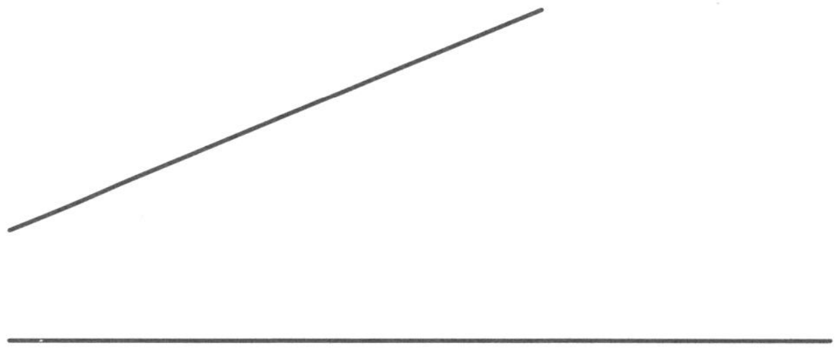

2.

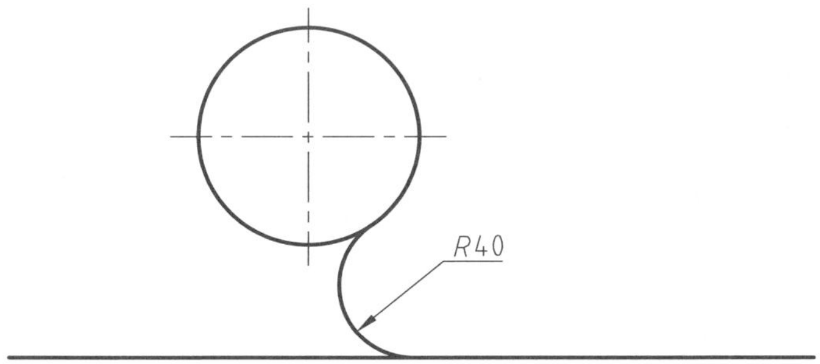

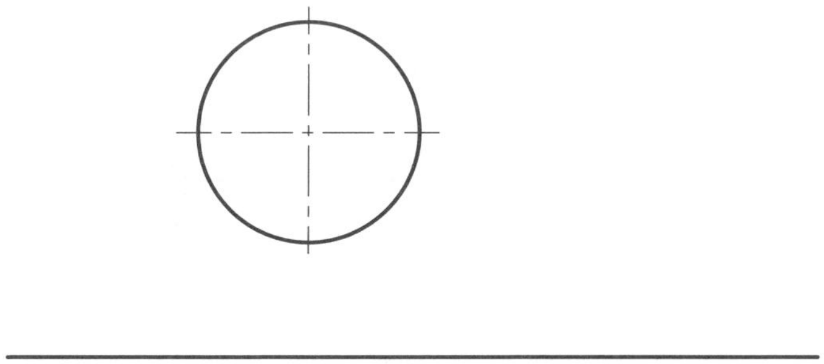

任务二　绘制平面图形

2.2.1　参照左图绘制圆弧连接并标注尺寸	班级		姓名		学号	

1.

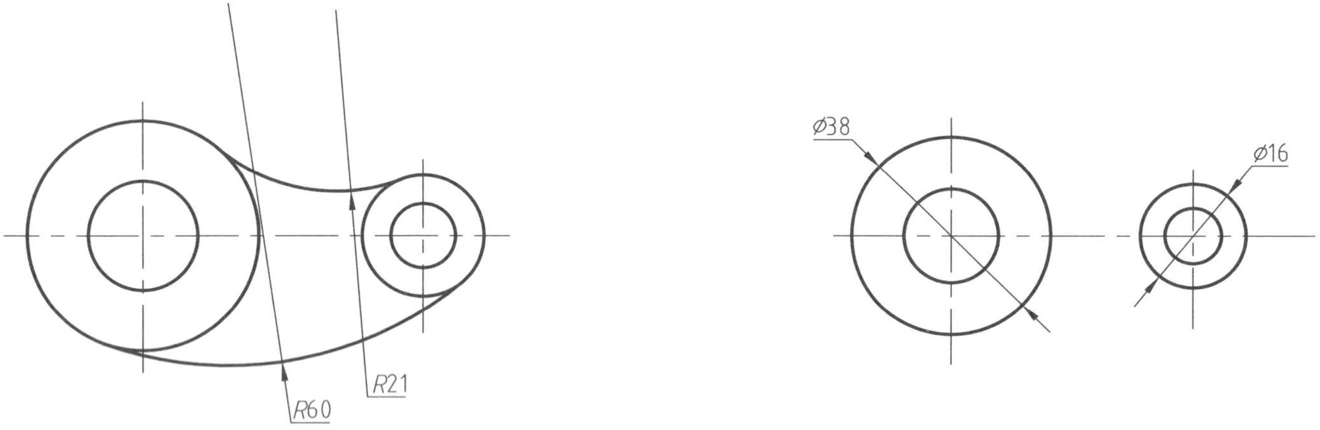

2.

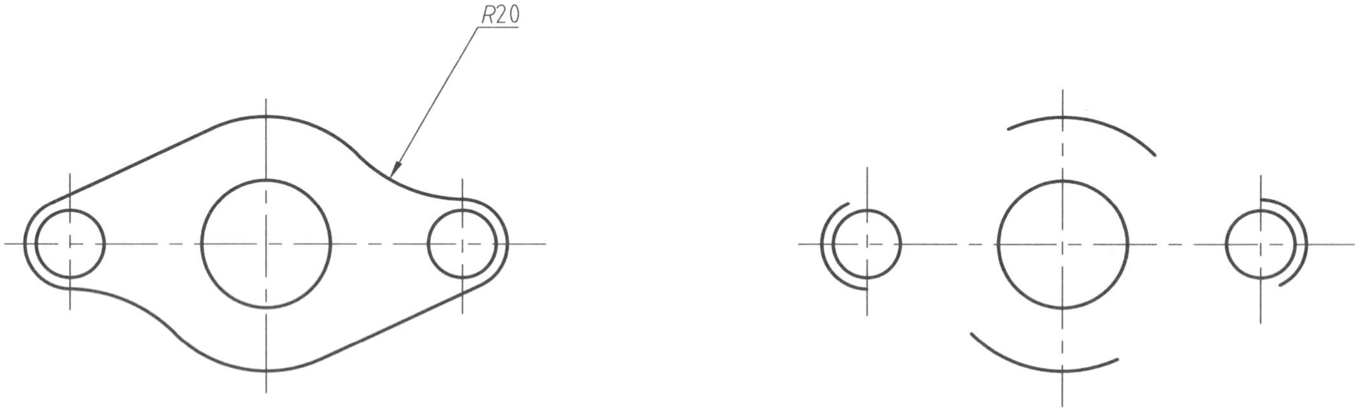

2.2.2　按1：1比例抄画平面图形，并按国家标准标注尺寸	班级		姓名		学号	

1.

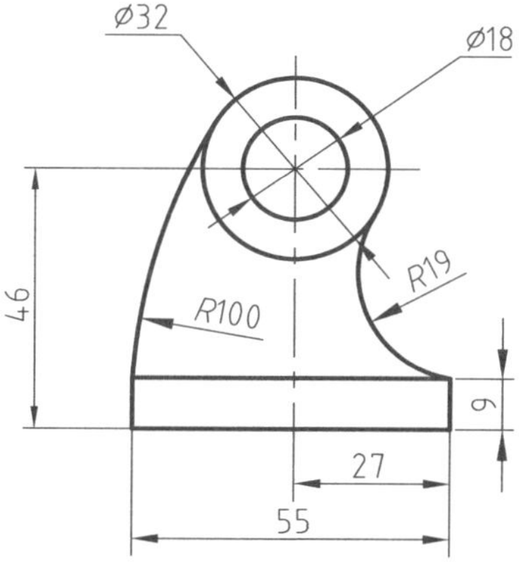

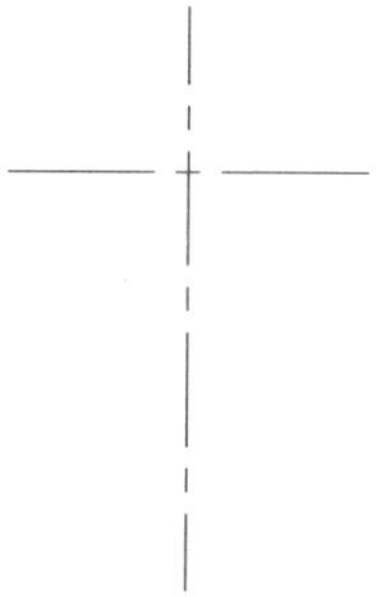

2.

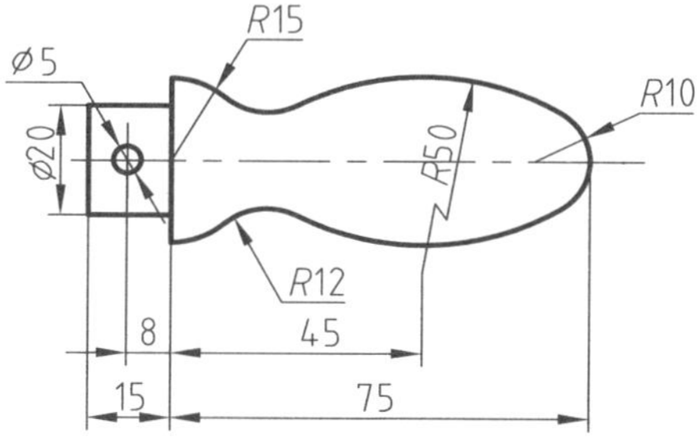

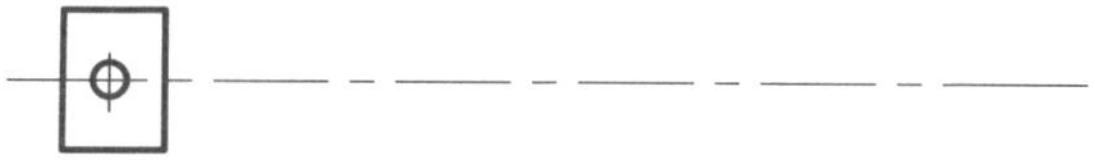

2.2.3 按1：1比例抄画平面图形，并按国家标准标注尺寸	班级		姓名		学号	

1.

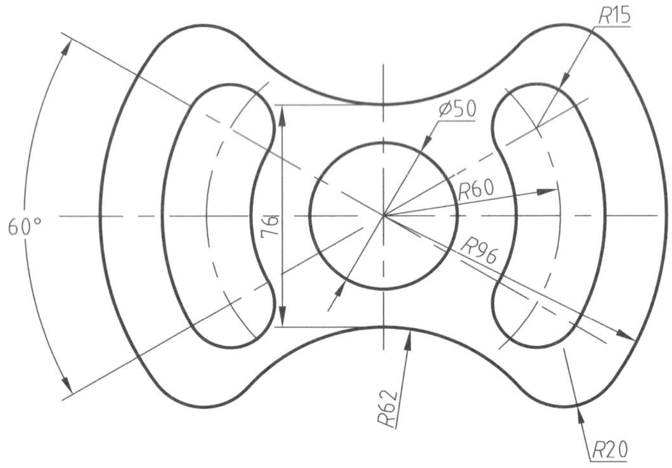

2.

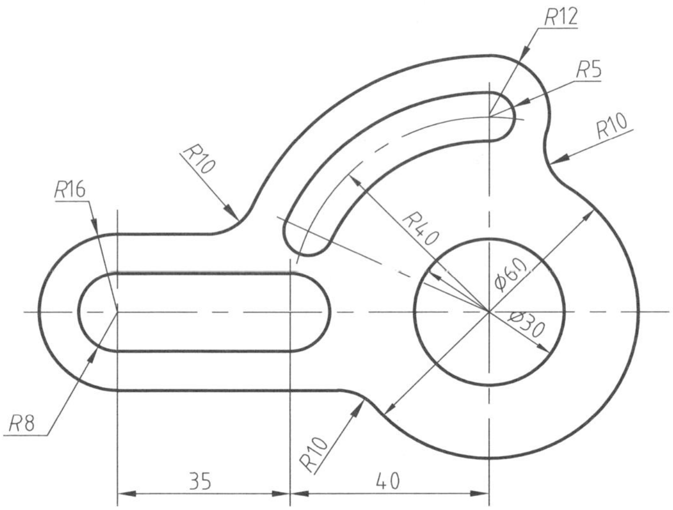

2.2.4　选取合适的比例抄画平面图形，并按国家标准标注尺寸(1)	班级		姓名		学号	

1.

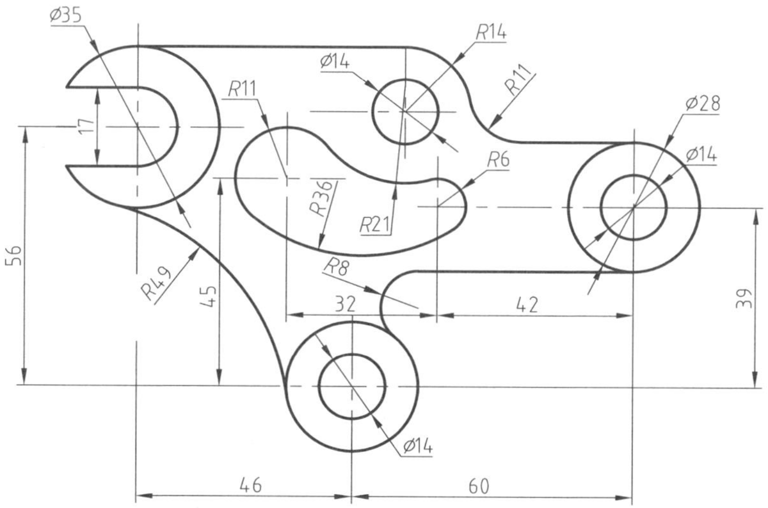

2.

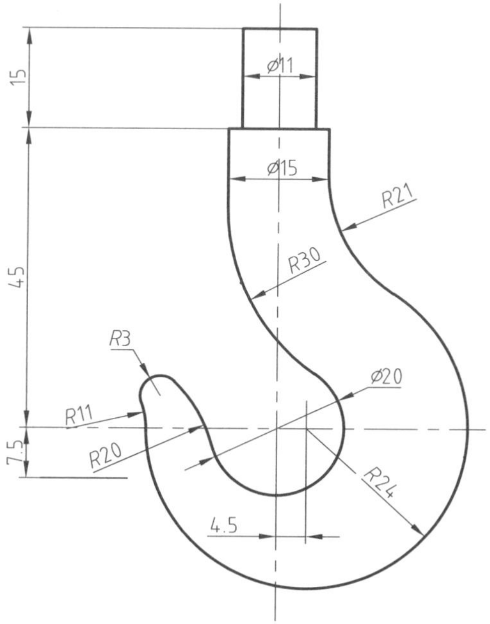

2.2.5 选取合适的比例抄画平面图形，并按国家标准标注尺寸(2)	班级		姓名		学号	

1.

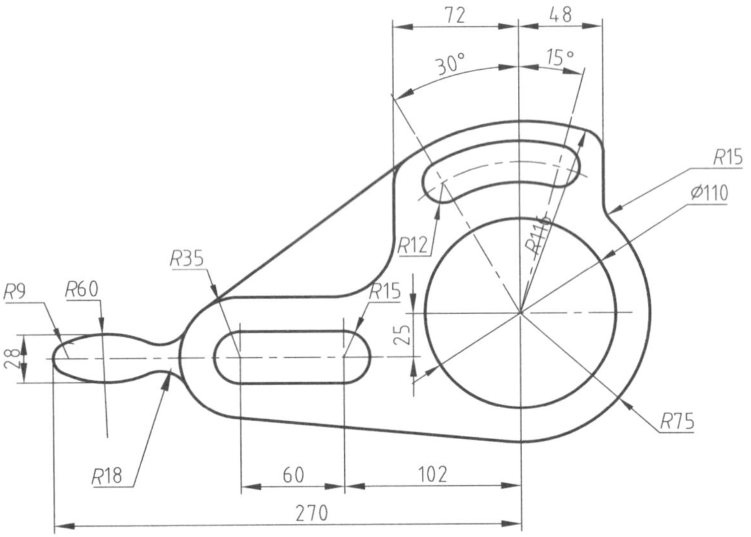

2.

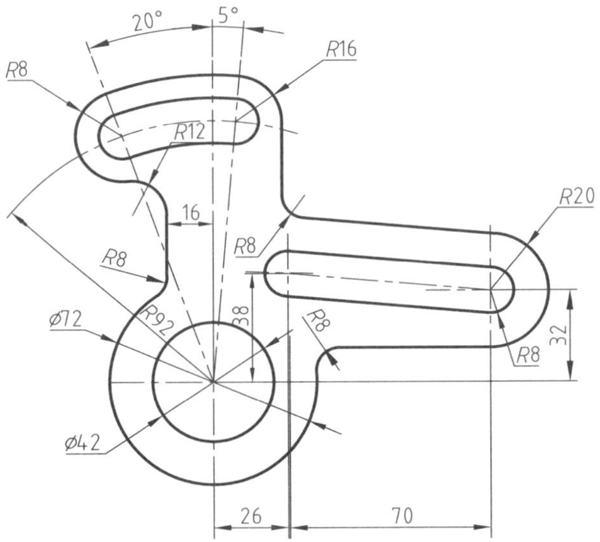

项目三

投影的形成

任务一　认识投影法

3.1.1　分析三视图的形成过程，并填空说明三视图之间的关系	班级		姓名		学号	

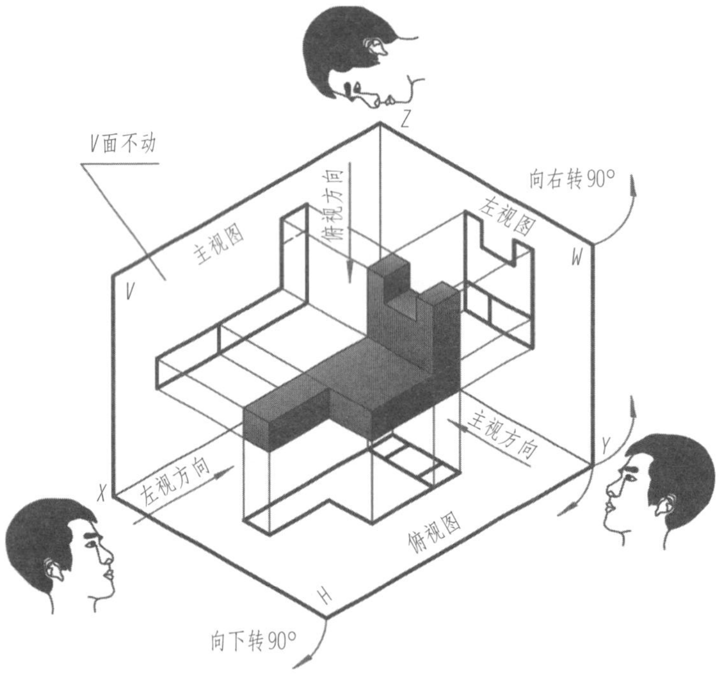

投射方向与视图名称之间的关系

由前向后投射所得的视图，称为(　　　)；由(　　　)向(　　　)投射所得的视图，称为左视图；由(　　　)向(　　　)投射所得的视图，称为(　　　)。

视图间的三等关系

主、俯视图(　　　)；主、左视图(　　　)；俯、左视图(　　　)。

视图与物体间的方位关系

主视图反映物体的(　　　)四个方位；俯视图反映物体的(　　　)四个方位；左视图反映物体的(　　　)四个方位；俯、左视图，原理主视图的一侧，表示物体的(　　　)面；靠近主视图的一边，表示物体的(　　　)面。

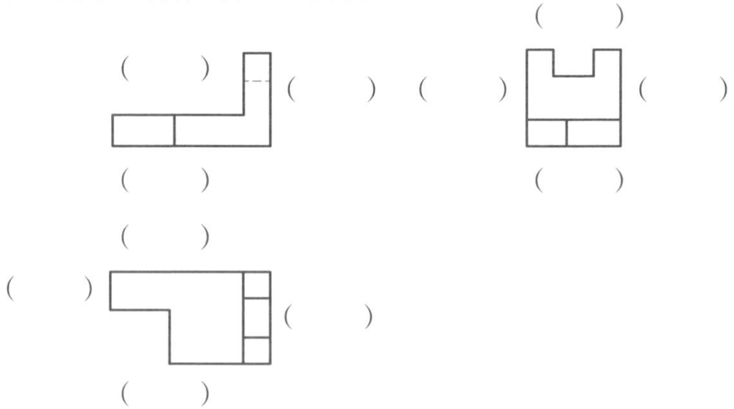

3.1.2　对照立体图，看懂三视图，在括号内填上相应的编号	班级		姓名		学号	

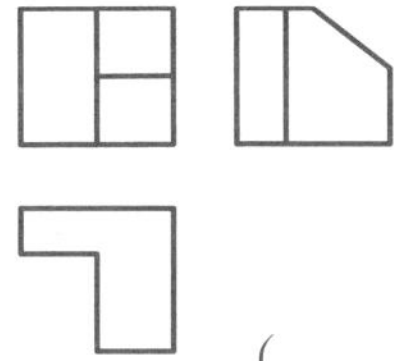
(　　)

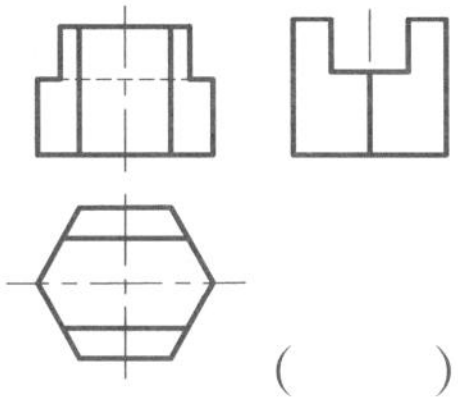
(　　)

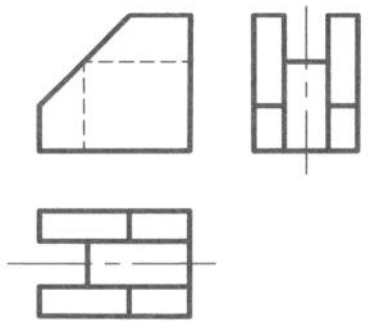
(　　)

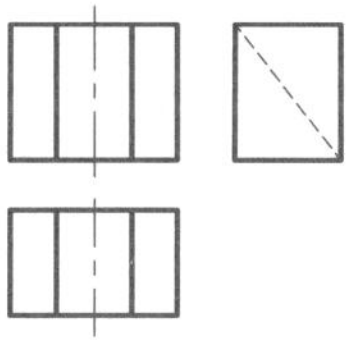
(　　)

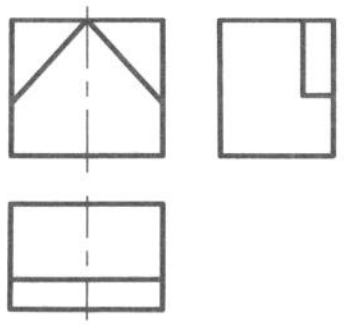
(　　)

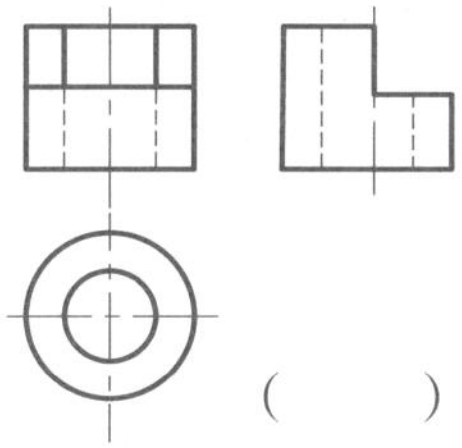
(　　)

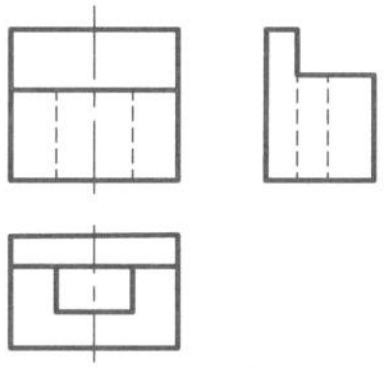
(　　)

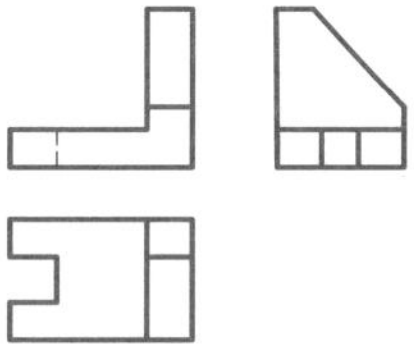
(　　)

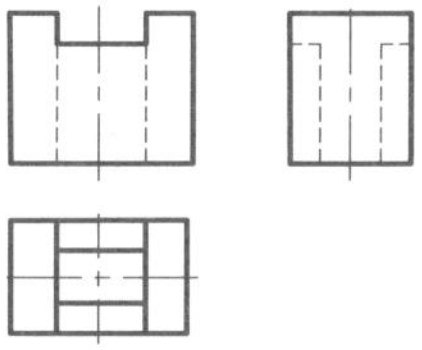
(　　)

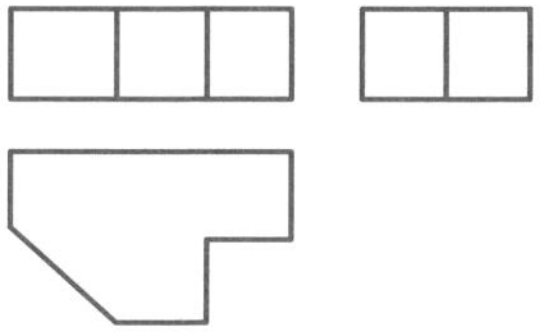
(　　)

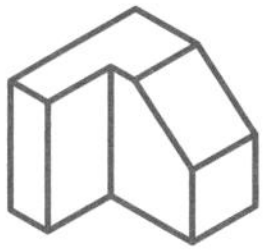
①

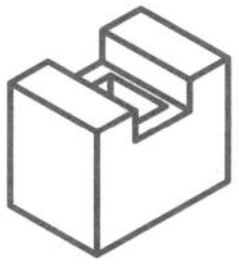
②

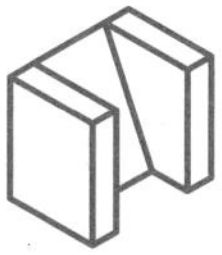
③

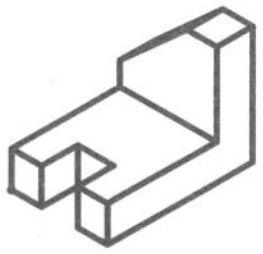
④

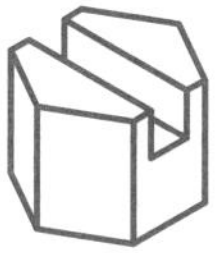
⑤

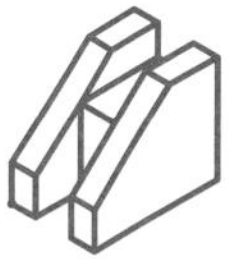
⑥

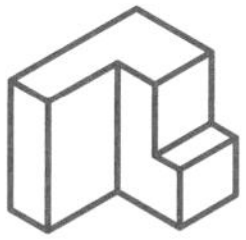
⑦

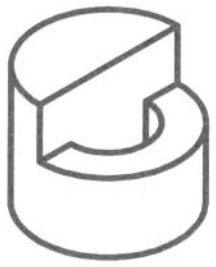
⑧

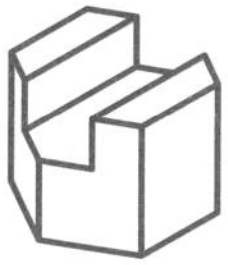
⑨

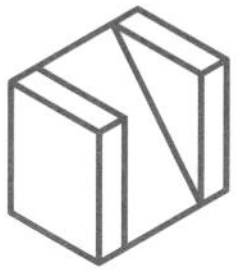
⑩

⑪

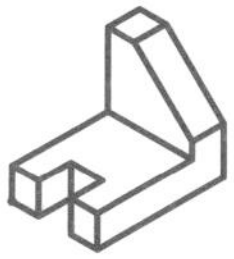
⑫

⑬

⑭

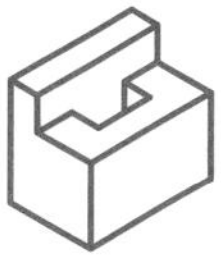
⑮

⑯

⑰

⑱

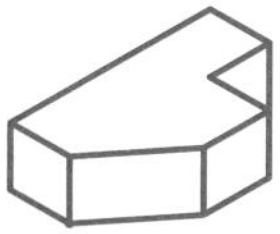
⑲

任务二　认识三视图

3.2.1　对照立体图，补画第三视图	班级		姓名		学号	

1.

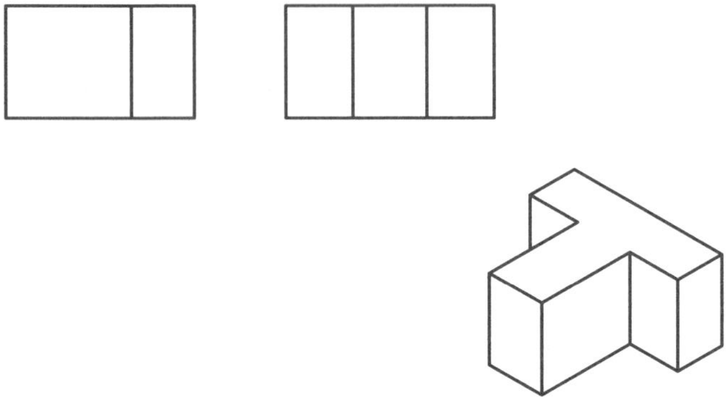

2.

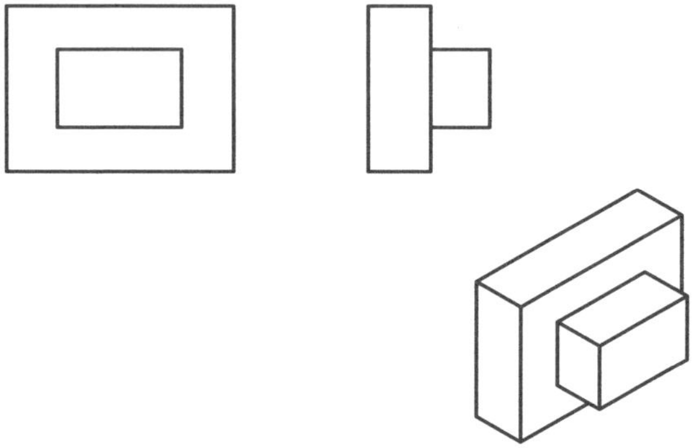

3.

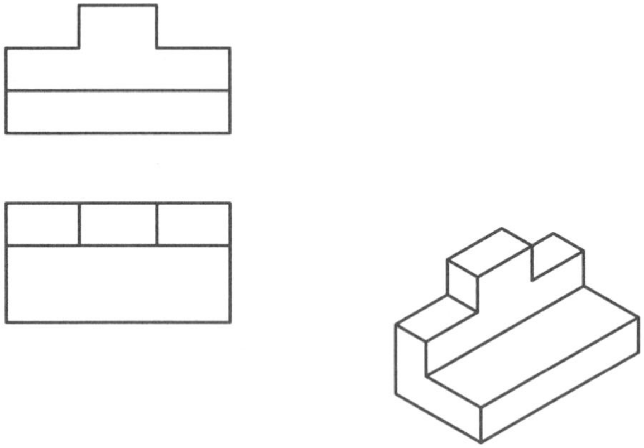

4.

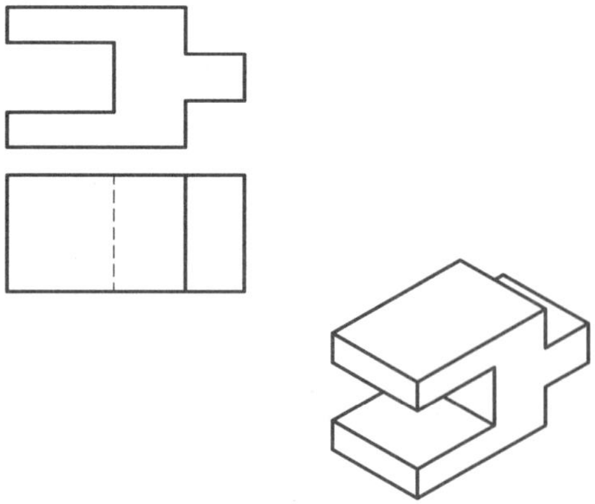

任务三　绘制点的投影

3.3.1　参照立体示意图，补画三视图中漏画的图线，并填空	班级		姓名		学号	

1. 在立体示意图上标出题中所示平面的字母。

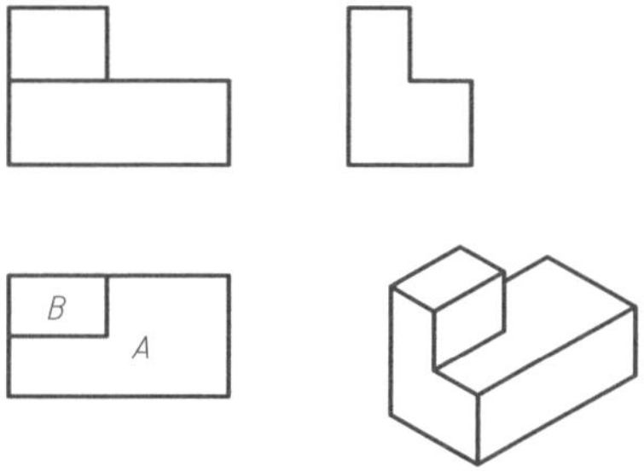

比较俯视图中两个平面的上、下位置：

面 A 在（　　），面 B 在（　　）。

2. 在立体示意图上标出题中所示平面的字母。

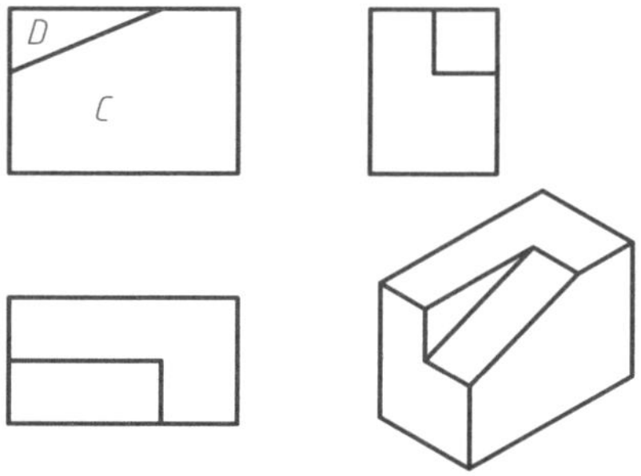

比较俯视图中两个平面的前、后位置：

面 C 在（　　），面 D 在（　　）。

3. 在立体示意图上标出题中所示平面的字母。

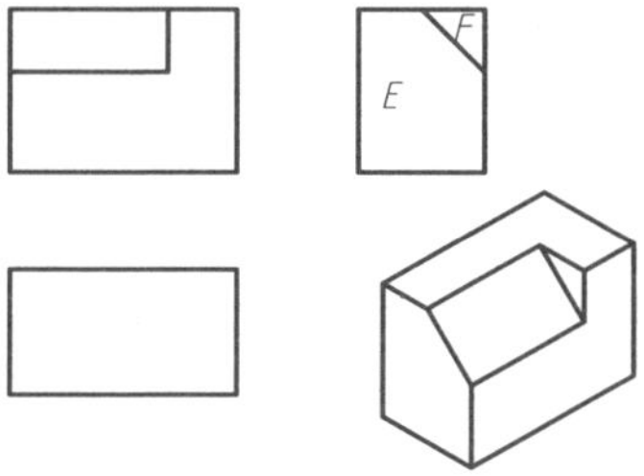

比较俯视图中两个平面的左、右位置：

面 E 在（　　），面 F 在（　　）。

4. 在立体示意图上标出题中所示平面的字母。

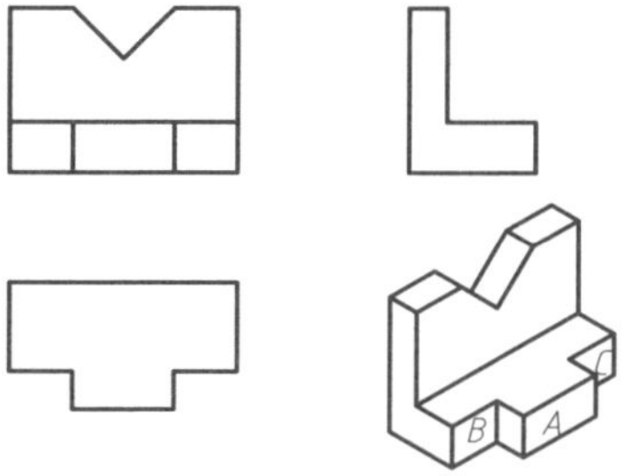

比较俯视图中两个平面的前、后位置：

面 A 在面 B 之（　　），面 C 在面 B 之（　　）。

3.3.2 点的投影	班级		姓名		学号	

1. 在物体的三视图中标出A、B、C点的三面投影，并在立体图中标出点M的位置。

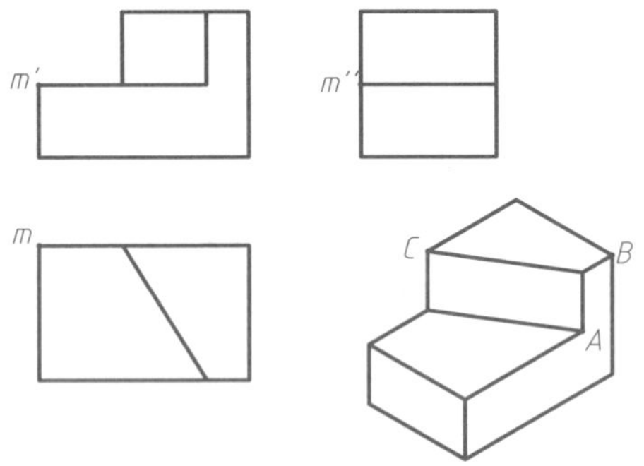

2. 已知物体三视图中A、B、C点的两面投影，求其第三面投影。

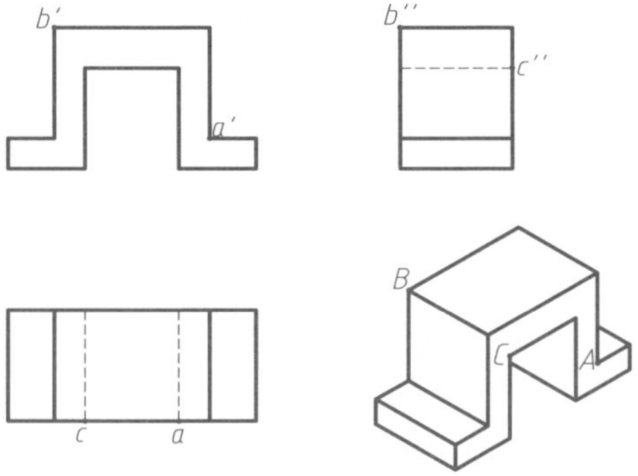

3. 已知点A在点B的左方20 mm、下方20 mm，前方10 mm，求点A的三面投影，并说明两点的相对位置。

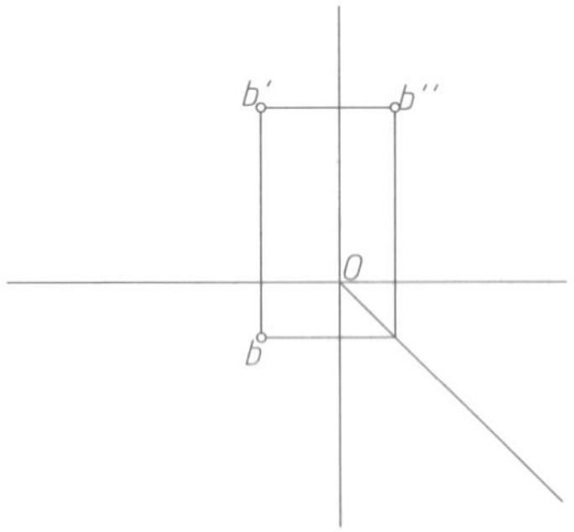

点A在点B的
(　　)、(　　)、
(　　)方。

4. 在立体图上标出点E、F的位置。

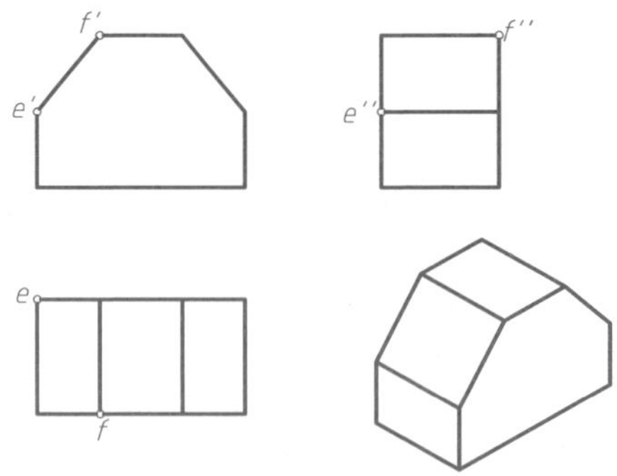

点A在点B的
(　　)、(　　)、
(　　)方。

3.3.3　绘制点的投影	班级		姓名		学号	

1.画A点的三面投影图(尺寸按1∶1从立体图中量取)。

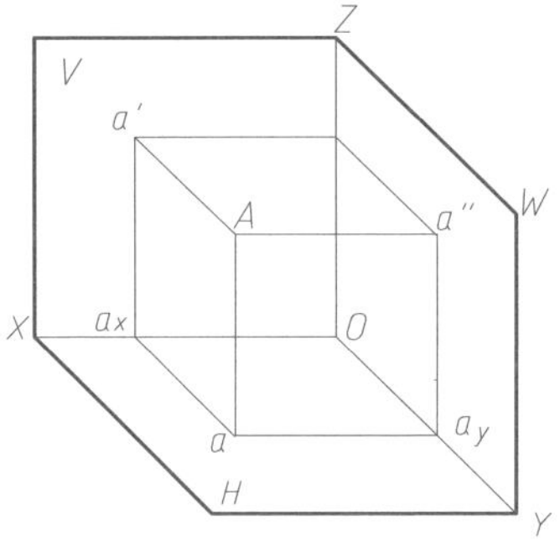

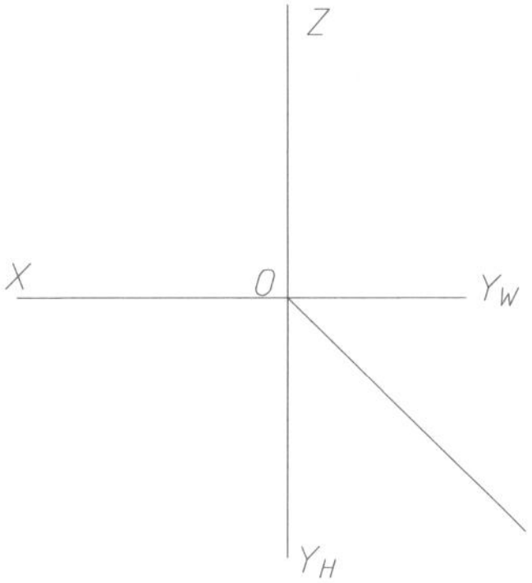

2.作点A(30，15，10)及点B(8，25，28)的三面投影图。

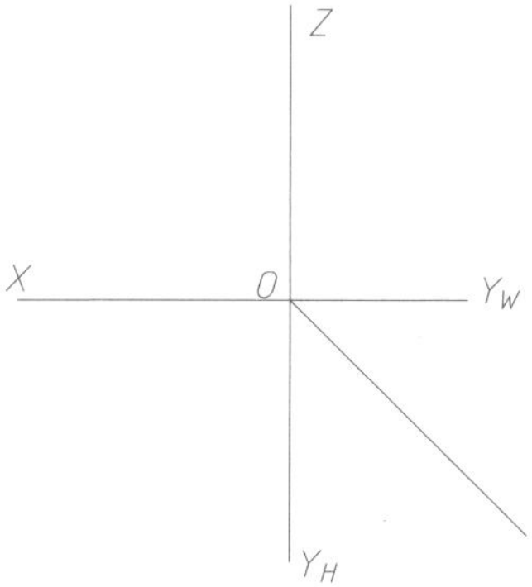

3.已知点B的两面投影，求作第三投影。

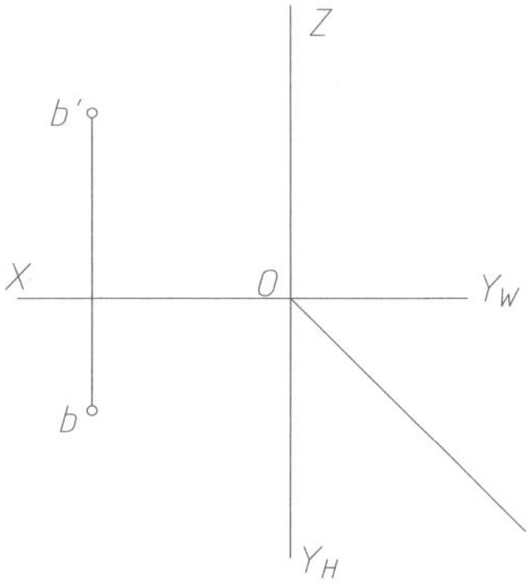

4.已知点C、D的H、V面投影，求作两点的W面投影，并标明可见性。

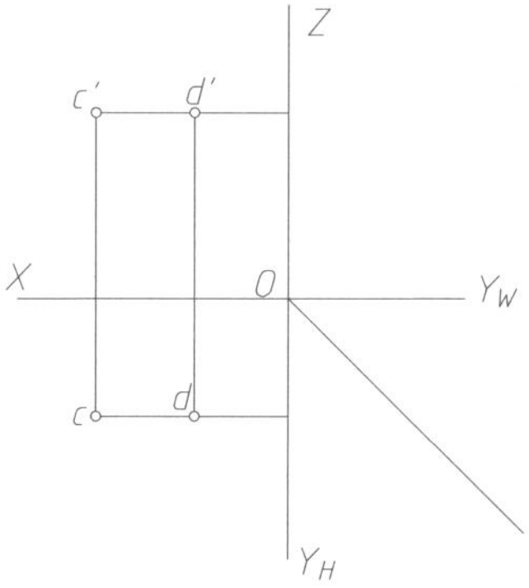

任务四　绘制直线的投影

3.4.1　直线的投影	班级		姓名		学号	

1. 补画主视图中的缺线，补全投影字母，并指出三视图中，哪条棱线反映该体侧棱的实长。(　　　)

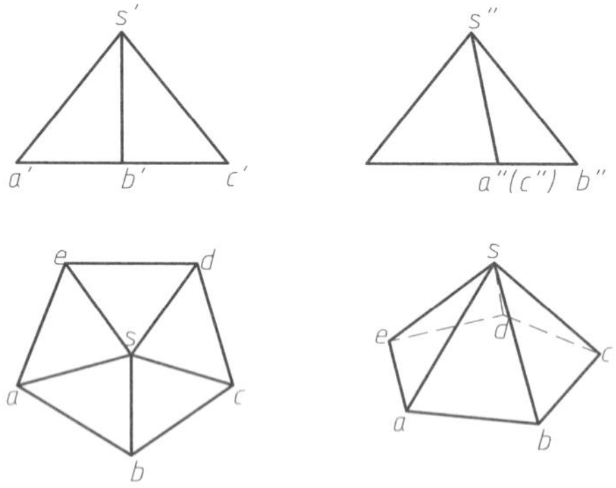

2. 已知立体的主、俯视图，补画左视图并填空。

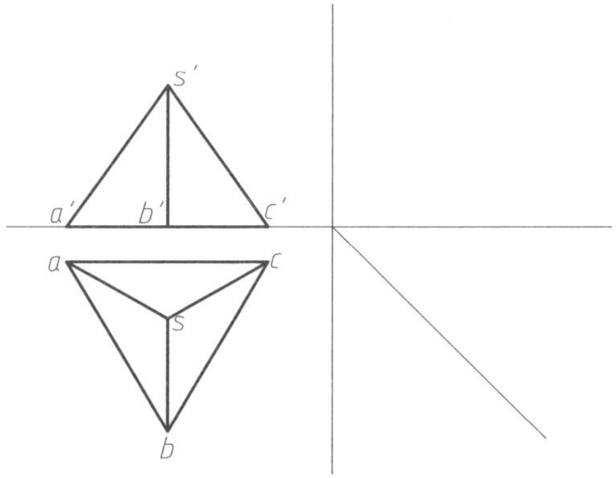

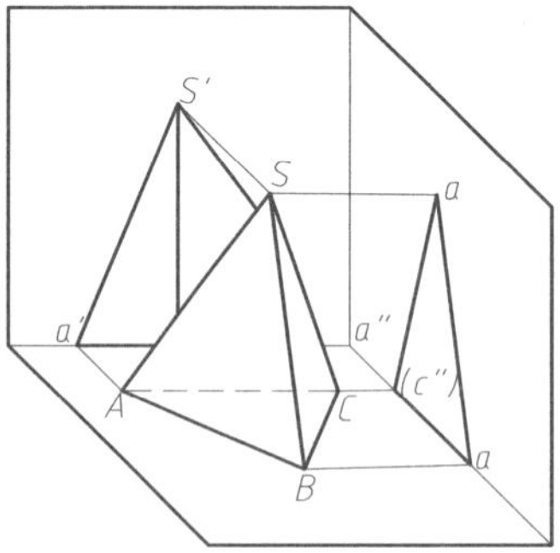

SA是(　　)线，

SB是(　　)线，

SC是(　　)线。

3. 在三视图上标出立体图上各点的三面投影并填空。

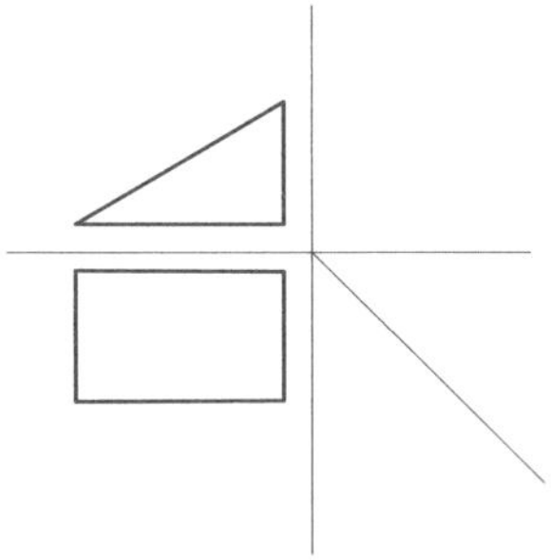

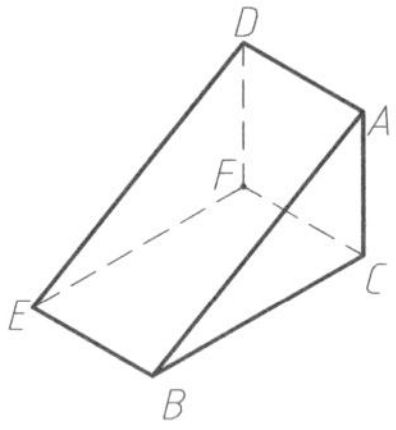

AB是(　　　)线，AC是(　　　)线，

AD是(　　　)线，BC是(　　　)线。

3.4.2　根据题目要求，做直线 *AB* 的三面投影	班级		姓名		学号	

1. 已知线段两端点 *A*(20,10,8)和 *B*(6,6,20)，求作 *AB* 的三面投影。	2. 已知线段两端点 *A*(20,0,0)和 *B*(5,10,15)，求作 *AB* 的三面投影。
3. 已知线段两端点 *A*(20,20,20)和 *B*(5,5,5)，求作 *AB* 的三面投影。	4. 已知线段端点 *A* 距离 *H* 面 5 mm、*V* 面 5 mm，距 *W* 面 20 mm；端点 *B* 在端点 *A* 右面 12 mm，前面 10 mm，上方 15 mm 处，求作 *AB* 的三面投影。

任务五　绘制平面的投影

3.5.1　标出立体图上平面P、Q的三面投影并填空	班级		姓名		学号	

1.

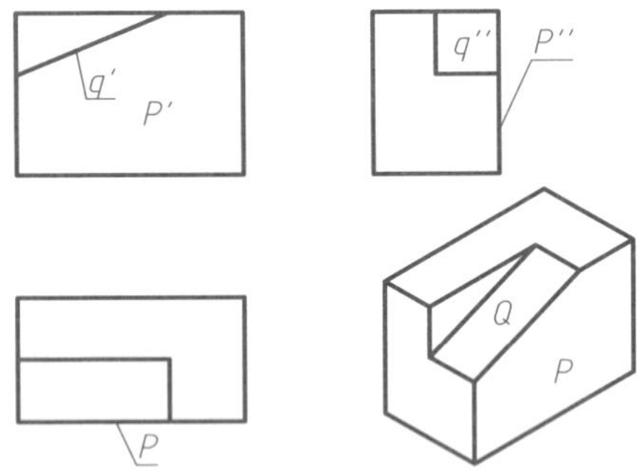

该立体表面有：
(　　)个水平面，
(　　)个正垂面。
面P是(　　)面
面Q是(　　)面。

2.

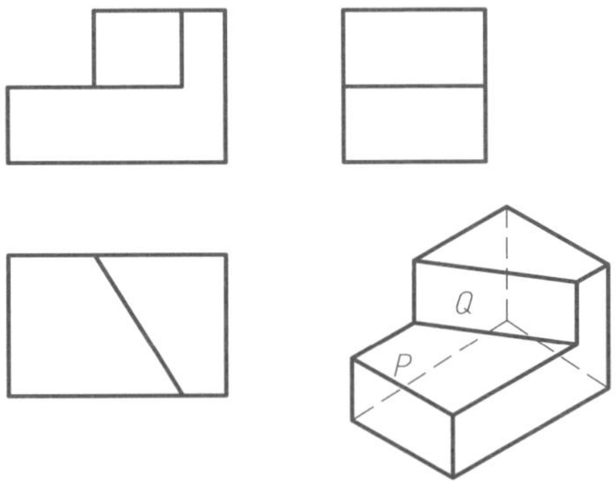

该立体表面有：
(　　)个水平面，
(　　)个正垂面。
面P是(　　)面
面Q是(　　)面。

3.

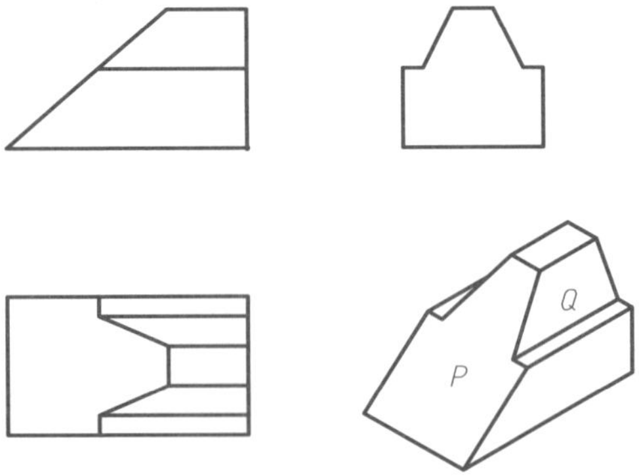

该立体表面有：
(　　)个水平面，
(　　)个正垂面。
面P是(　　)面
面Q是(　　)面。

4.

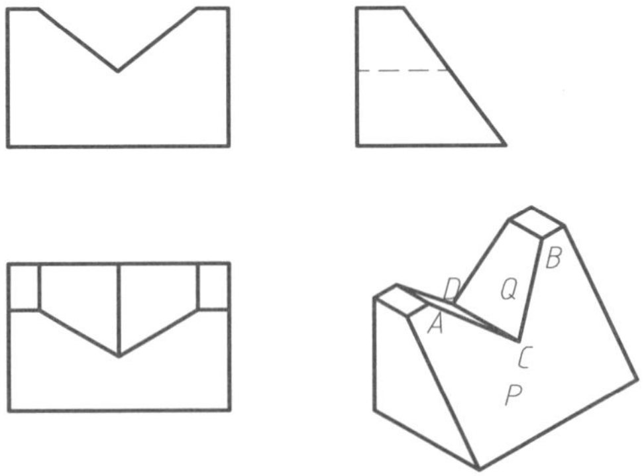

该立体表面有：
(　　)个水平面，
(　　)个正垂面。
面P是(　　)面
面Q是(　　)面。

3.5.2　按要求画出图形的投影	班级		姓名		学号	

1.求铅垂面的侧面投影。

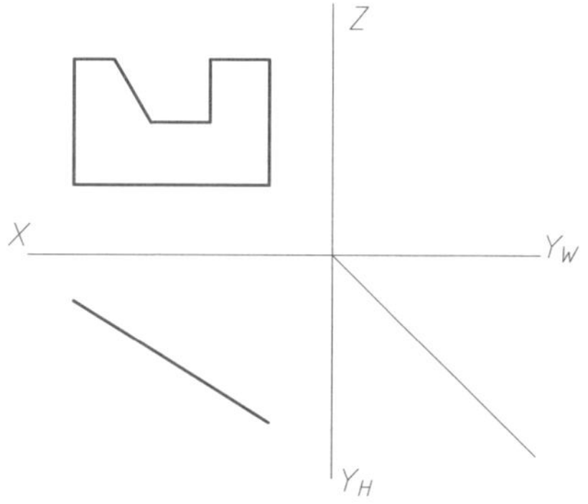

2.求侧垂面的水平投影。

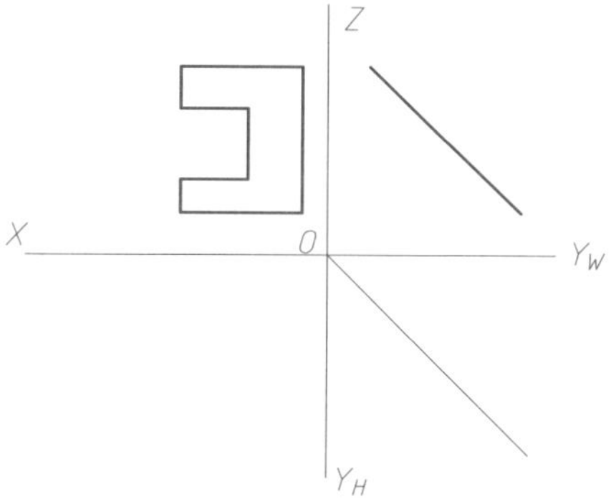

3.已知一般位置平面的两面投影，求其俯视图。

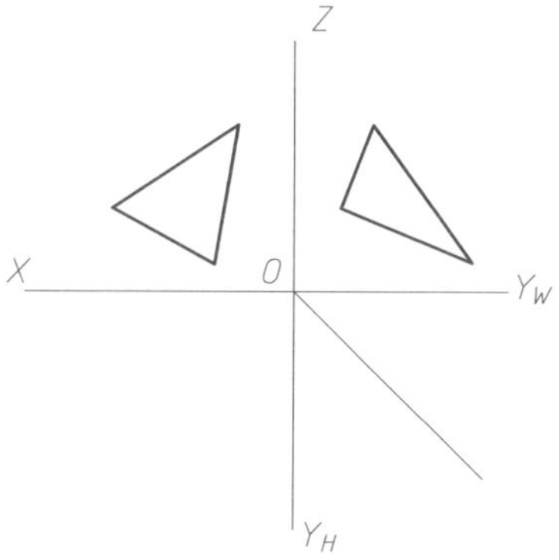

4.根据投影面垂直面的积聚性投影，求另两面投影(平面的形状自定)。

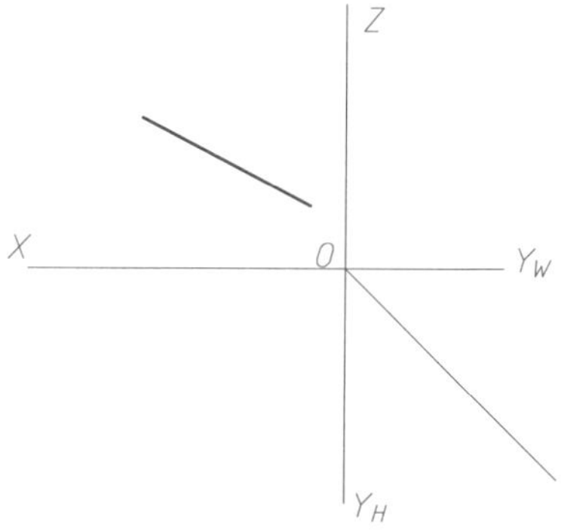

项目四

立体及其表面交线的绘制

任务一　绘制平面立体三视图

4.1.1　根据两视图，补画第三视图	班级		姓名		学号	

1.

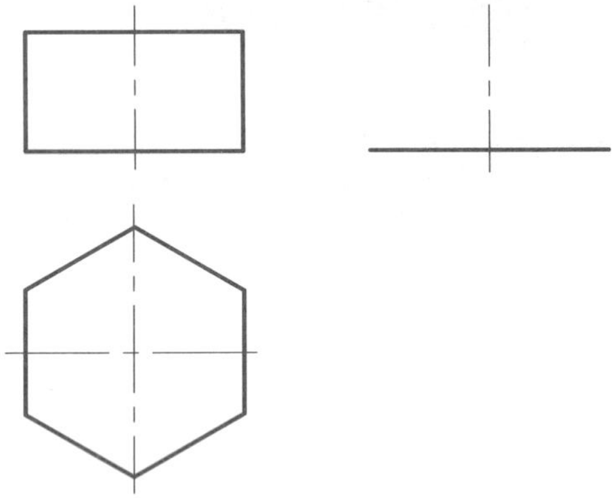

2.

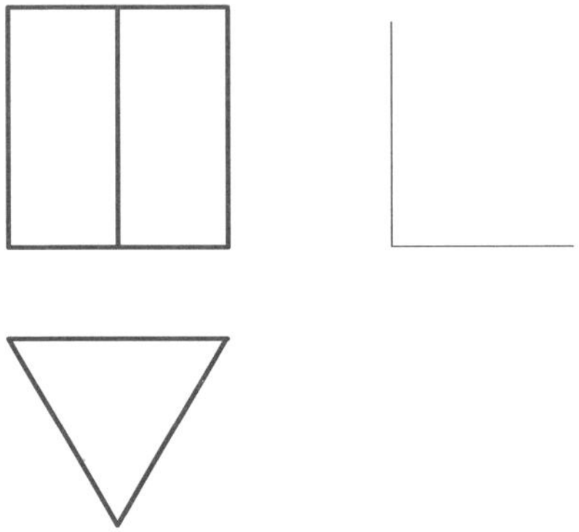

3.

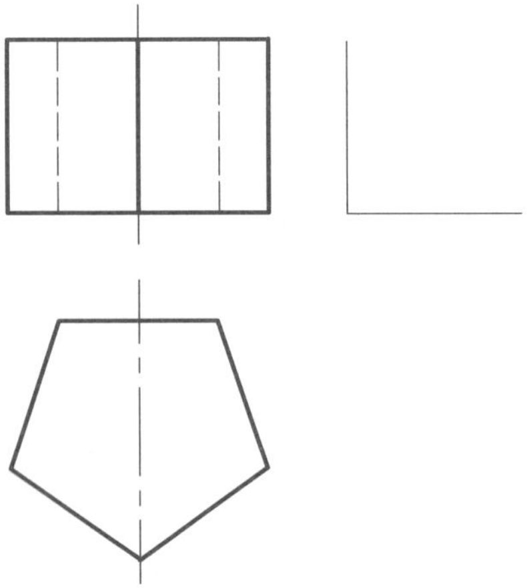

4.

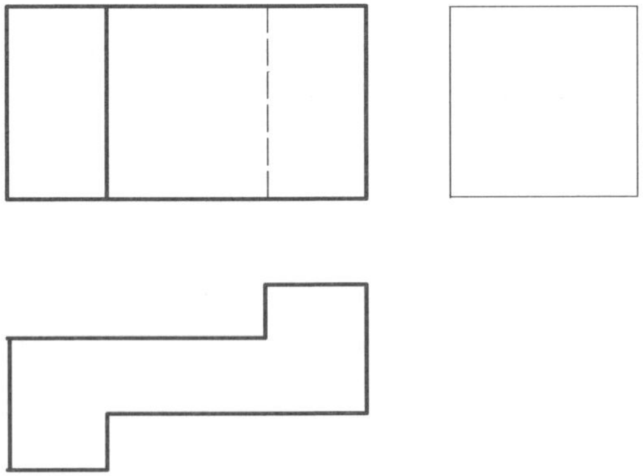

4.1.2 补画第三视图，并做出立体表面上点 M、N 的另两个投影(1)	班级		姓名		学号	

1.

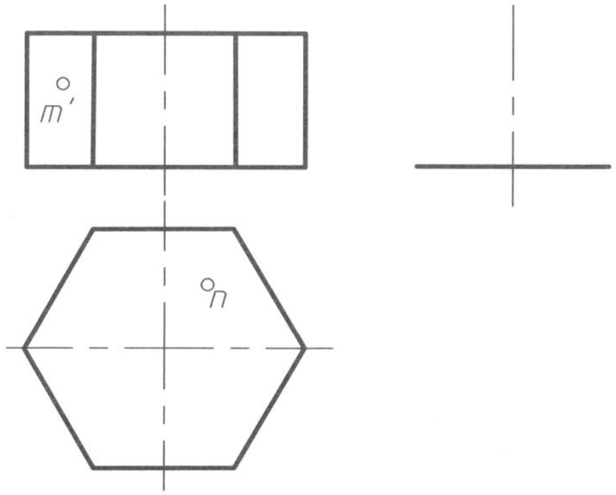

2.

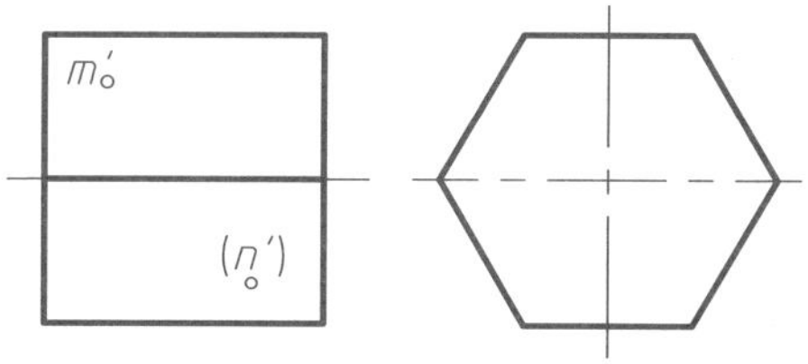

3.

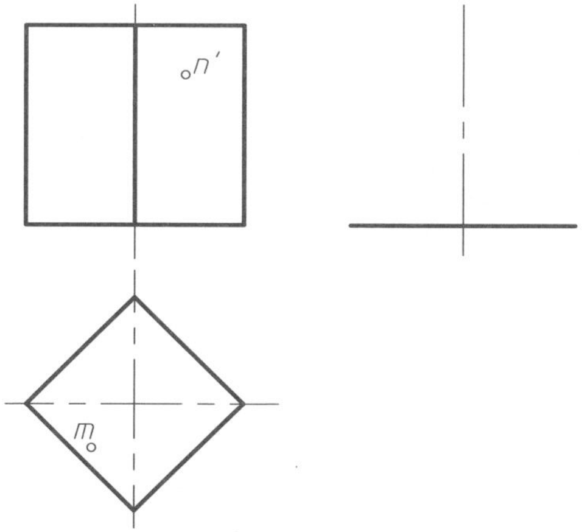

4.

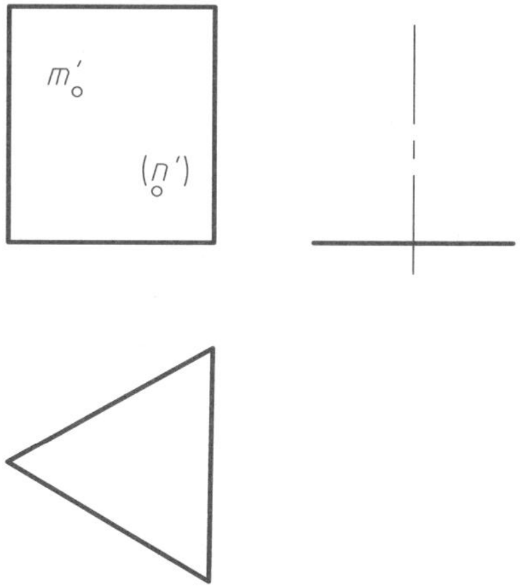

4.1.3 补画第三视图，并做出立体表面上点 *M*、*N*的另两个投影(2)	班级		姓名		学号	

1.

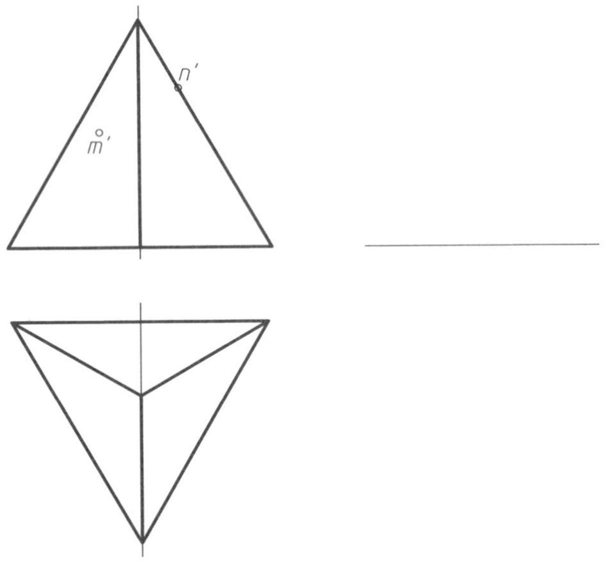

6.

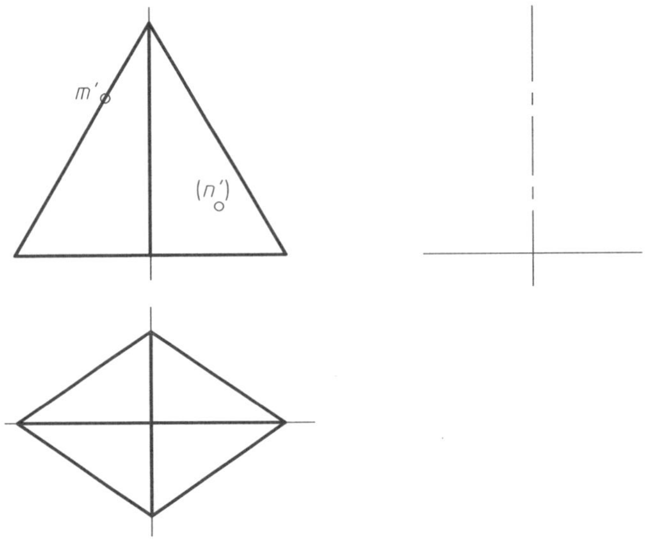

4.1.4　补画第三视图，并做出立体表面上点的另两个投影(1)	班级		姓名		学号	

1.

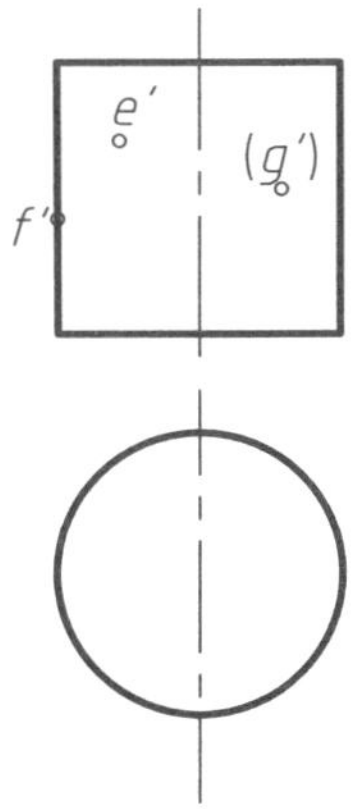

2.

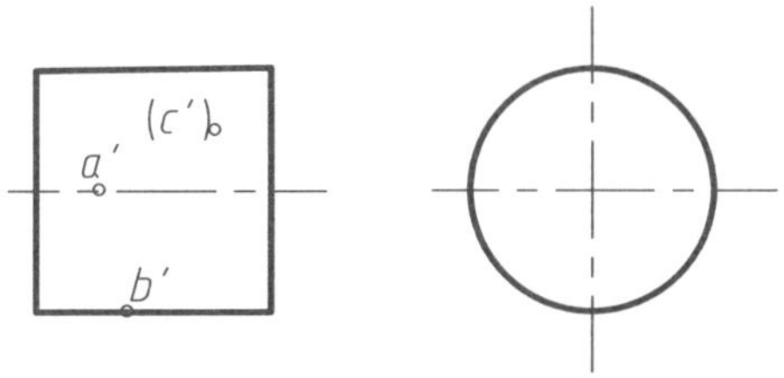

3.

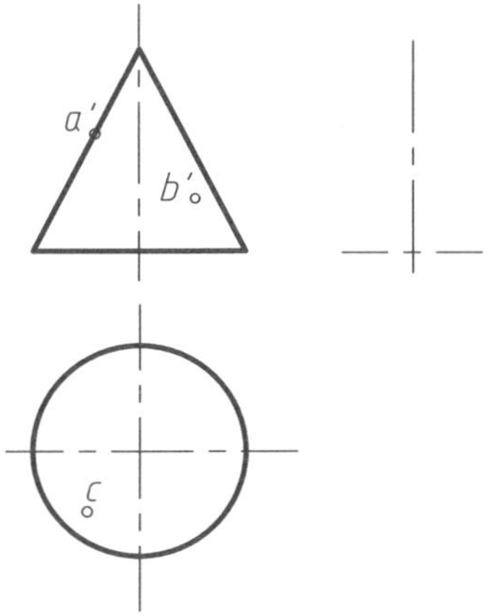

4.

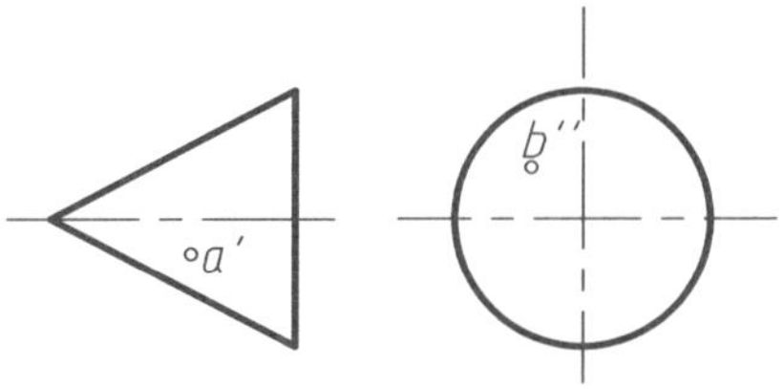

4.1.5 补画第三视图，并做出立体表面上点的另两个投影(2)	班级		姓名		学号	

1.

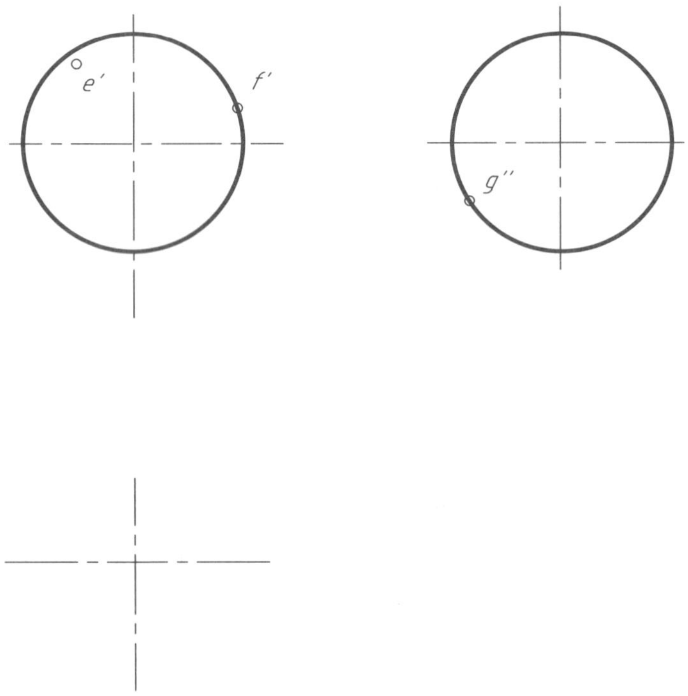

2.

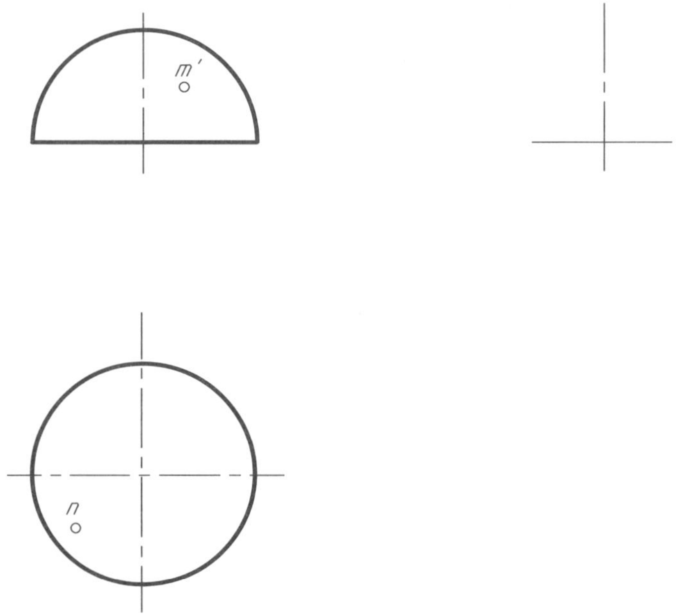

任务二　绘制平面切割体三视图

4.2.1　分析截交线的投影,补画第三视图(1)	班级		姓名		学号	

1.

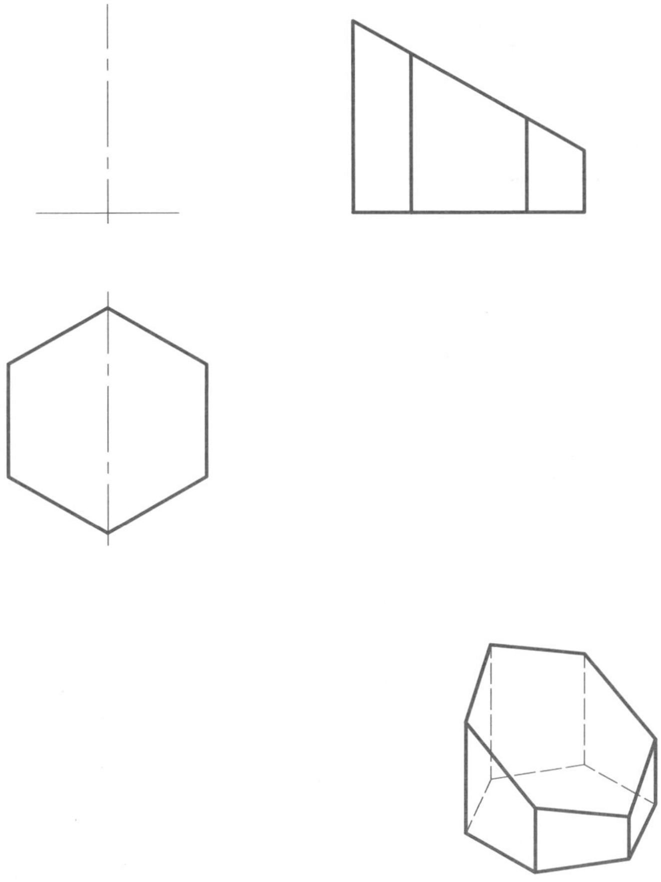

2.

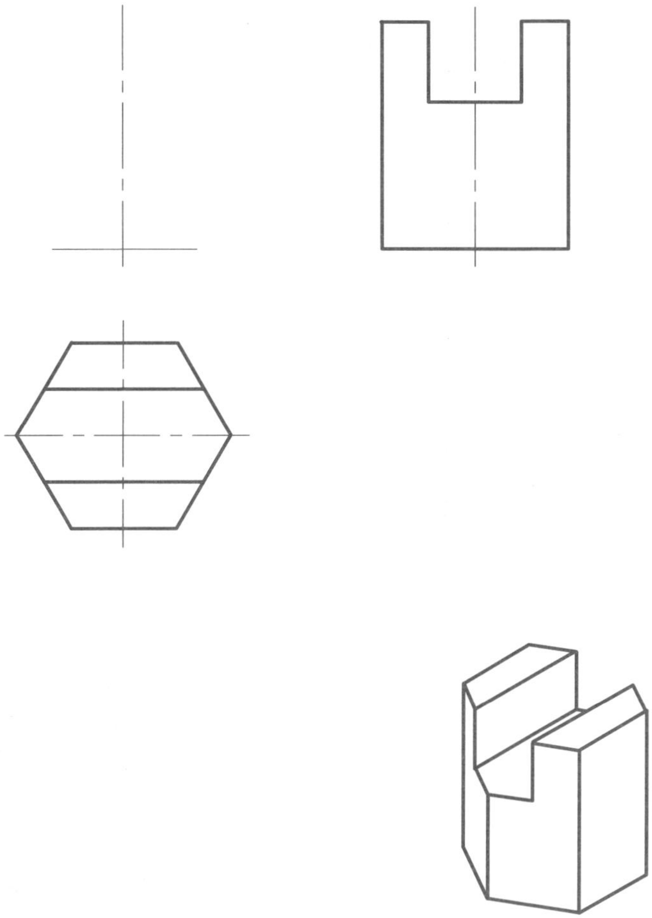

4.2.2　分析截交线的投影，补画第三视图(2)	班级		姓名		学号	

1.

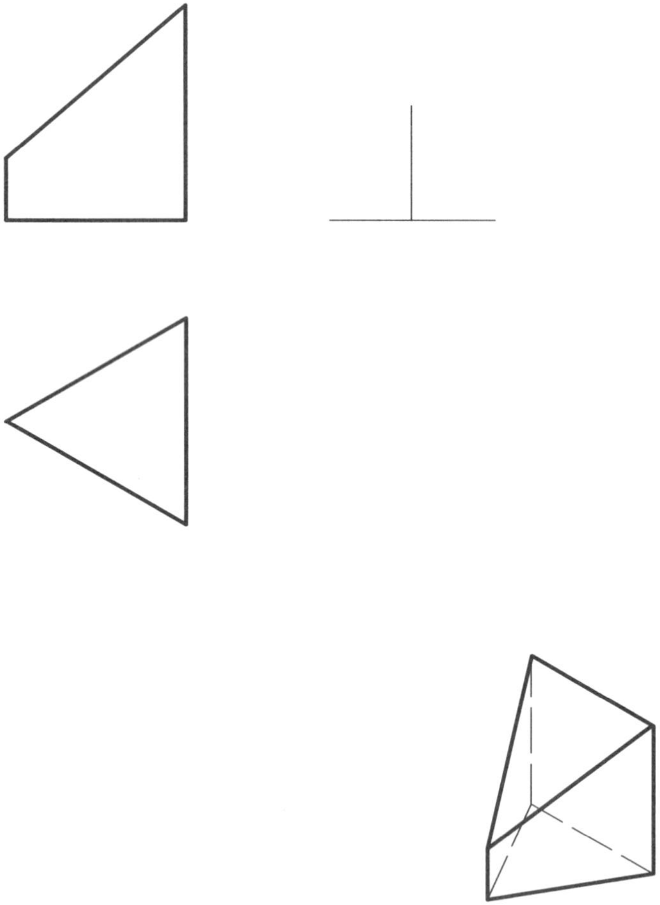

2.

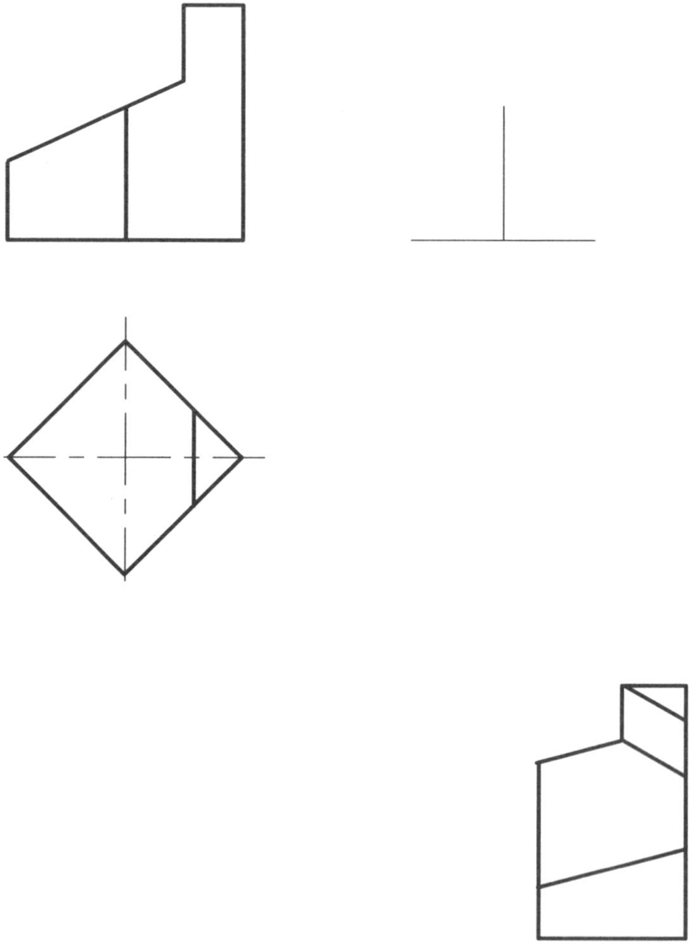

4.2.3　分析截交线的投影，补画第三视图(3)	班级		姓名		学号	

1.

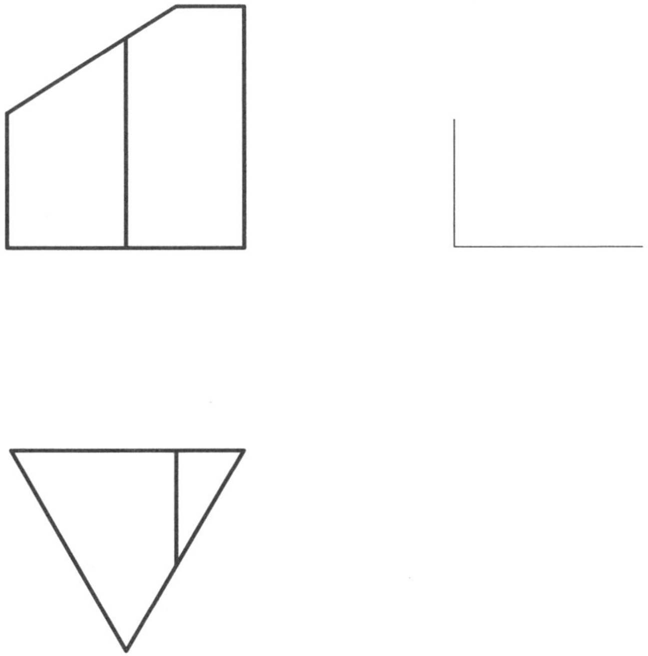

2.

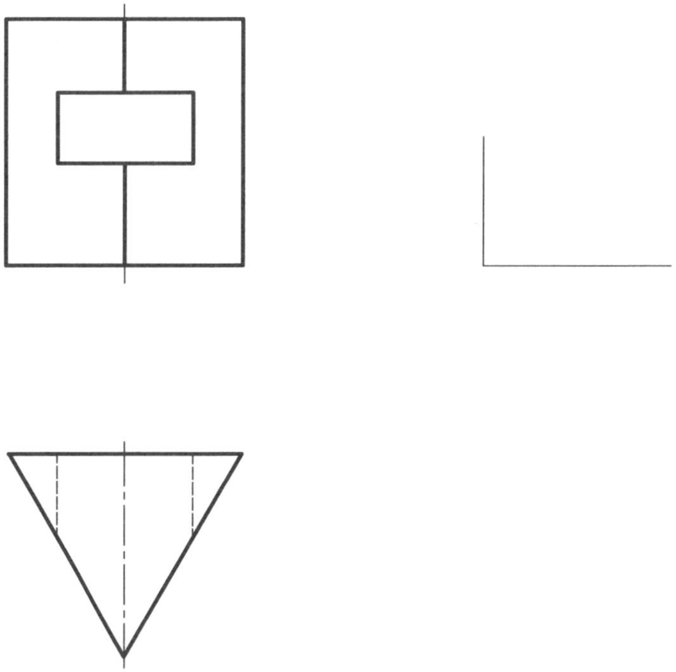

4.2.4 分析截交线的投影，补画第三视图(4)	班级		姓名		学号	

1.

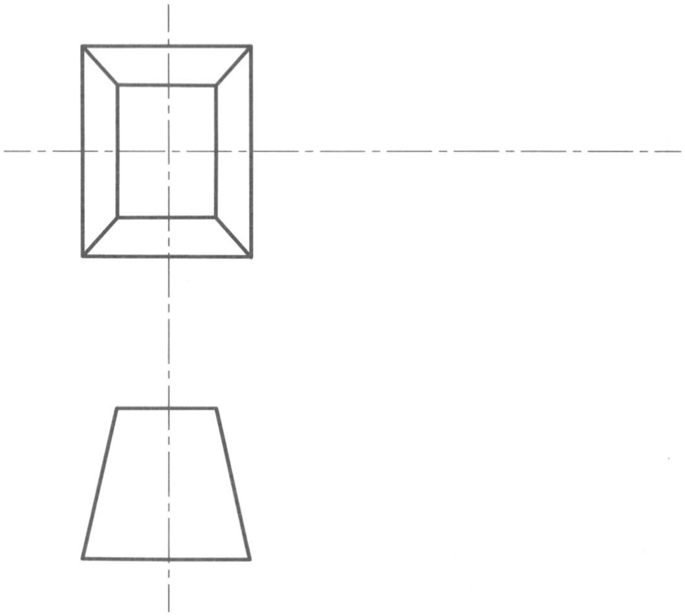

2.

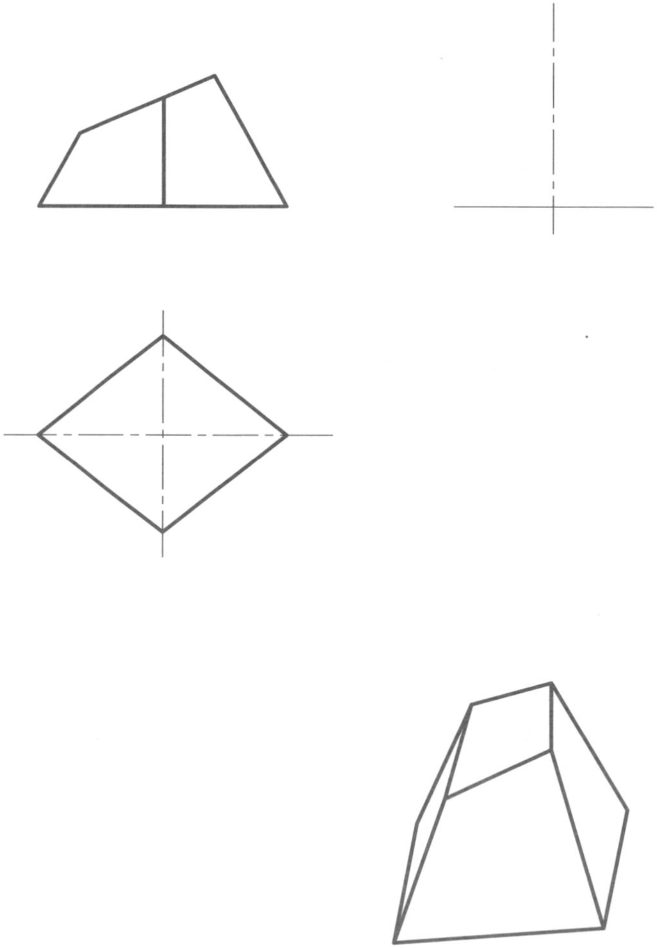

4.2.5　分析截交线的投影，补画第三视图(5)	班级		姓名		学号	

1.

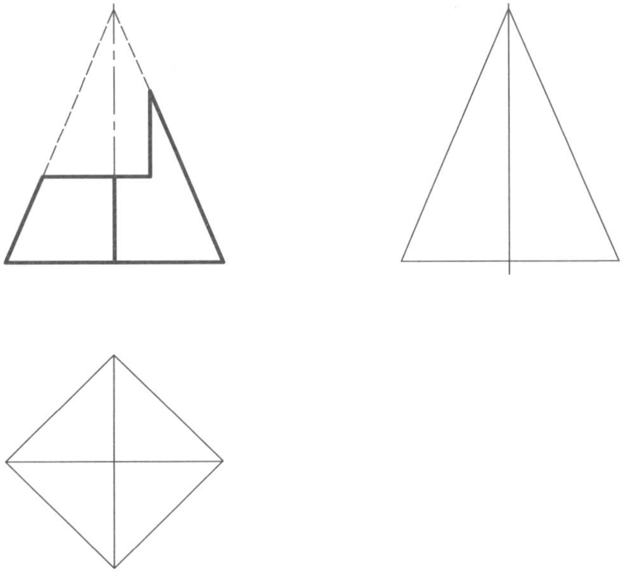

2.

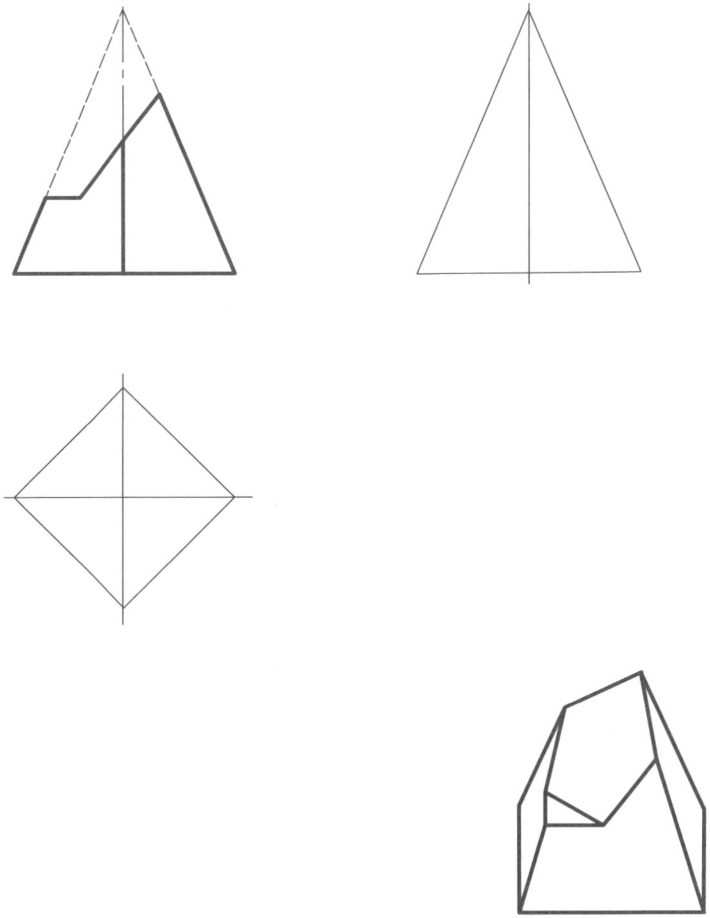

4.2.6　分析截交线的投影，补画第三视图(6)	班级		姓名		学号	

1.

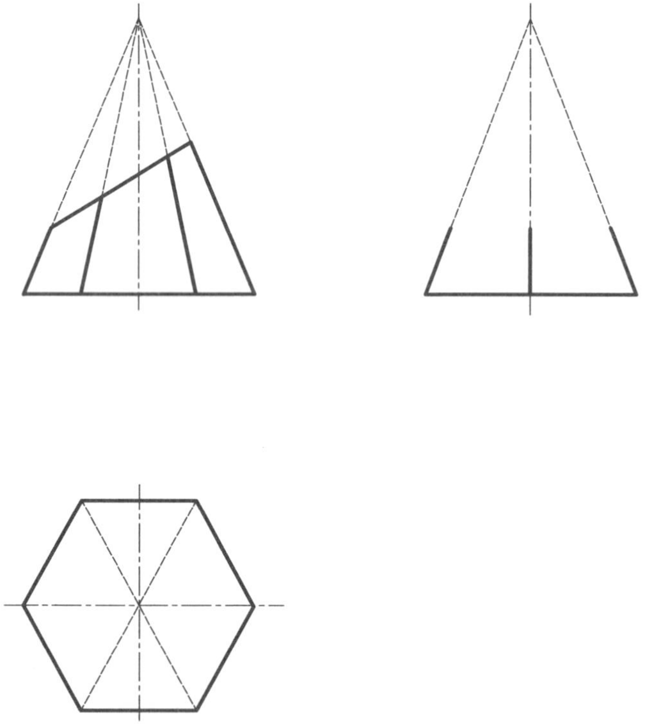

2.

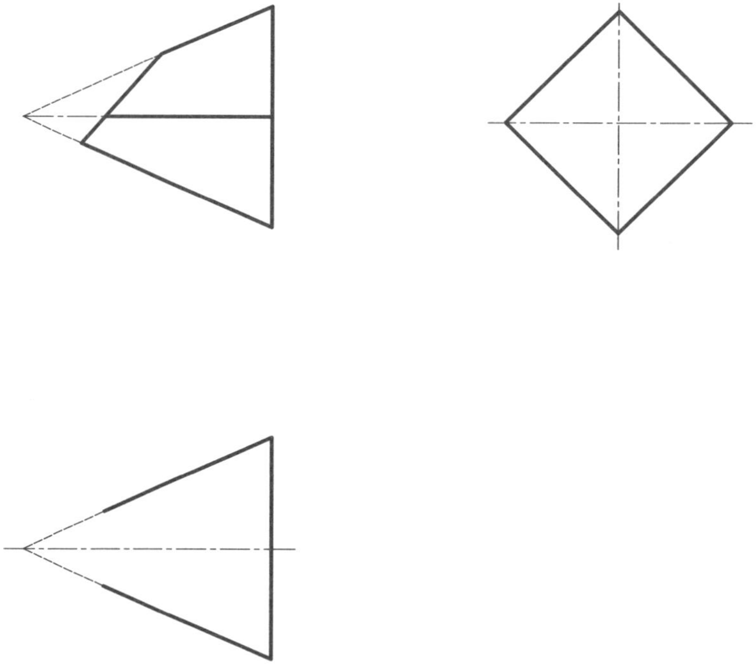

任务三　绘制曲面切割体三视图

4.3.1　曲面切割体，完成曲面立体被切割后的三视图(1)	班级		姓名		学号	

1.

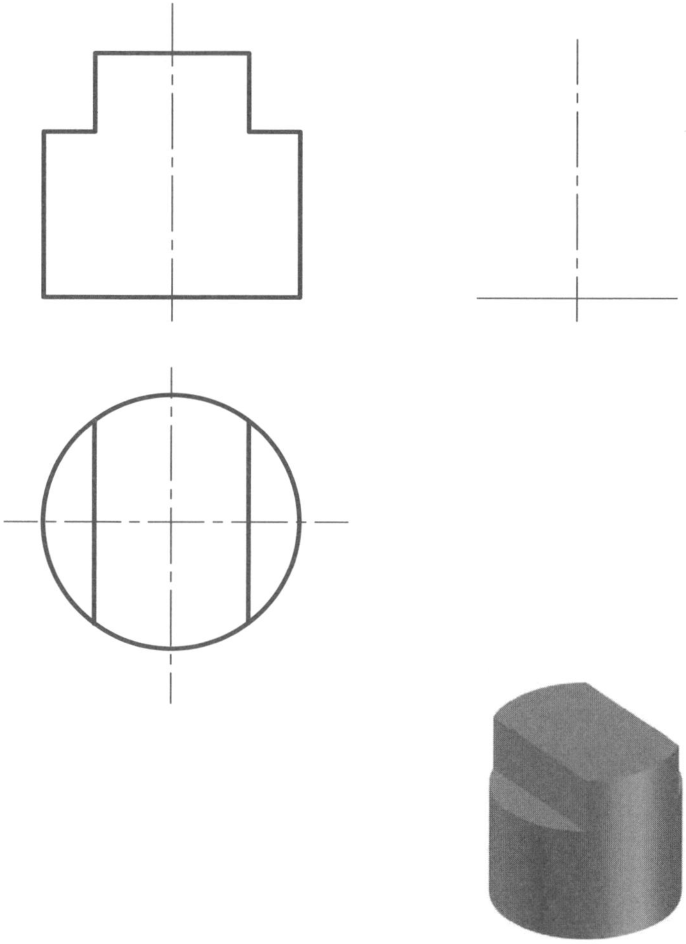

2.

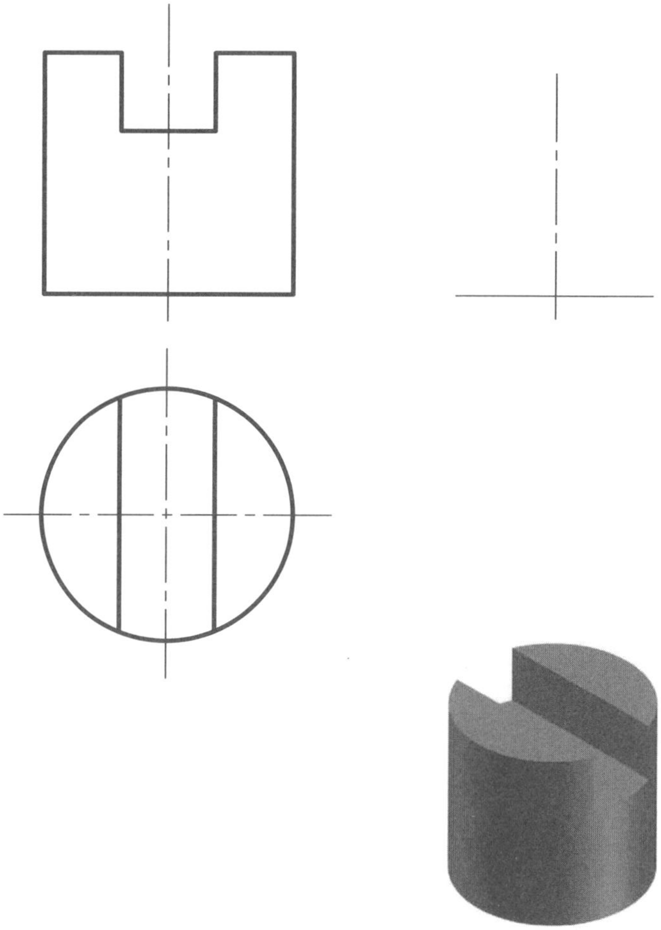

4.3.2 曲面切割体，完成曲面立体被切割后的三视图(2)	班级		姓名		学号	

1.

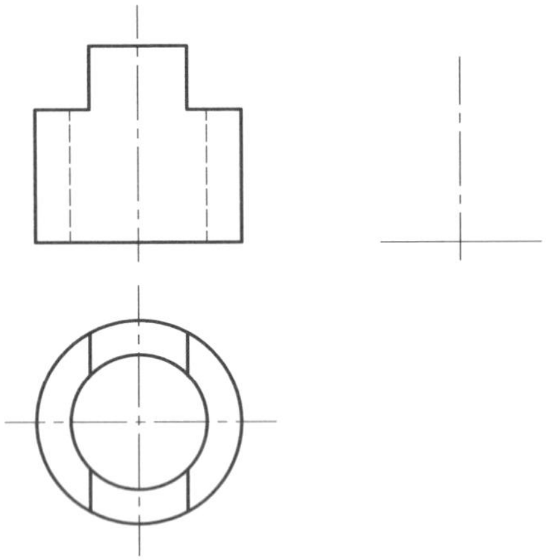

2.

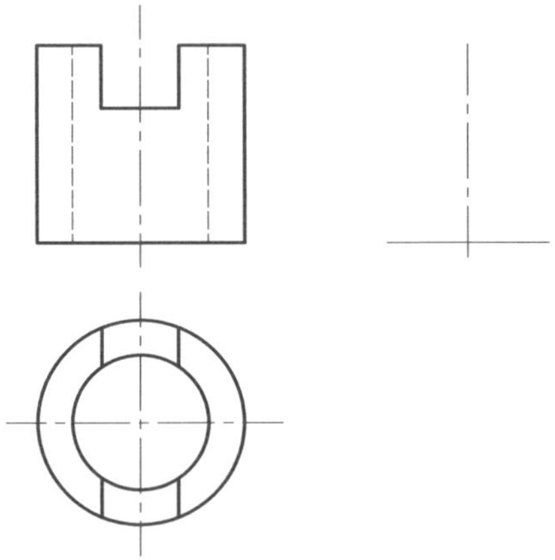

4.

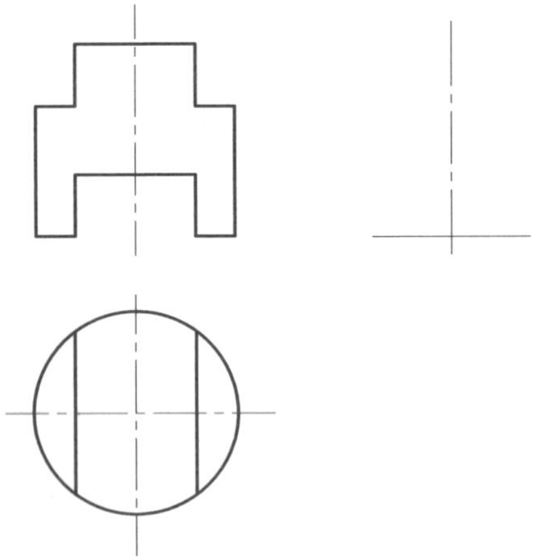

3.

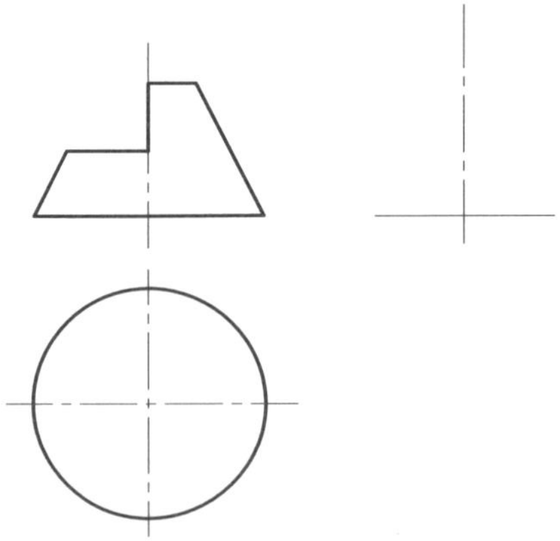

4.3.3　曲面切割体，完成曲面立体被切割后的三视图(3)	班级		姓名		学号	

1.

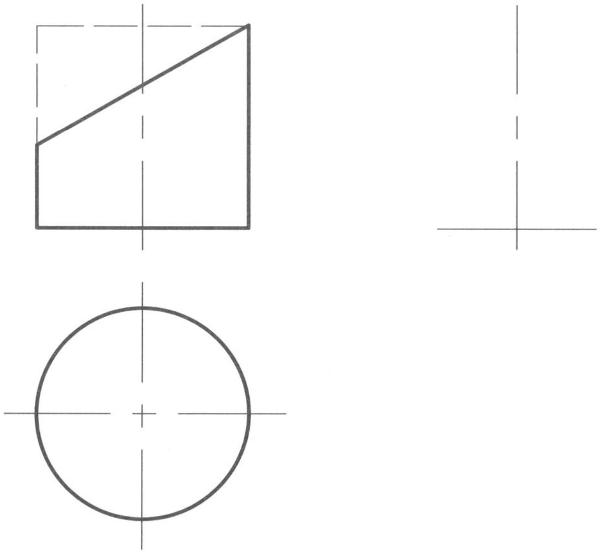

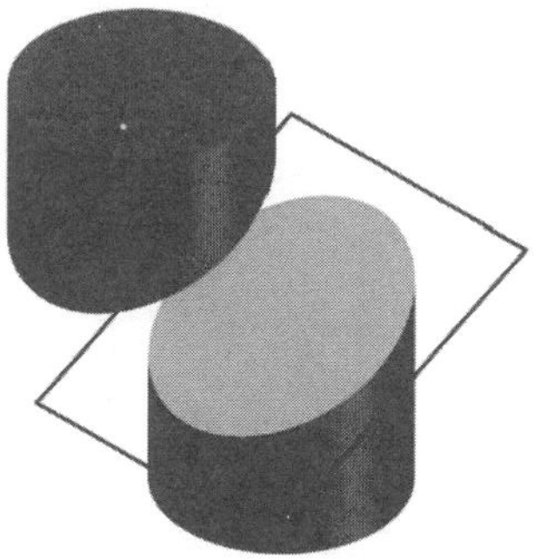

2.

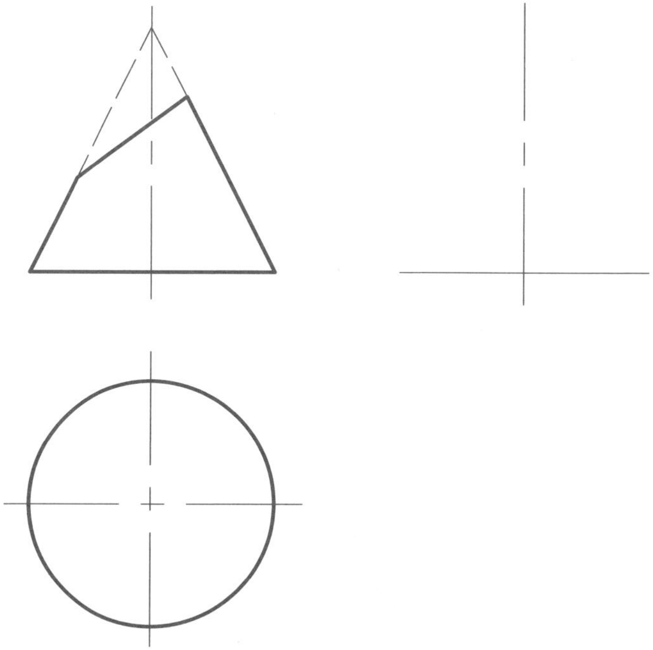

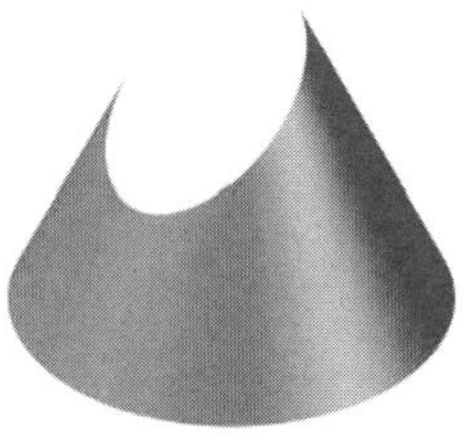

4.3.4　曲面切割体，完成曲面立体被切割后的三视图(4)	班级		姓名		学号	

1.

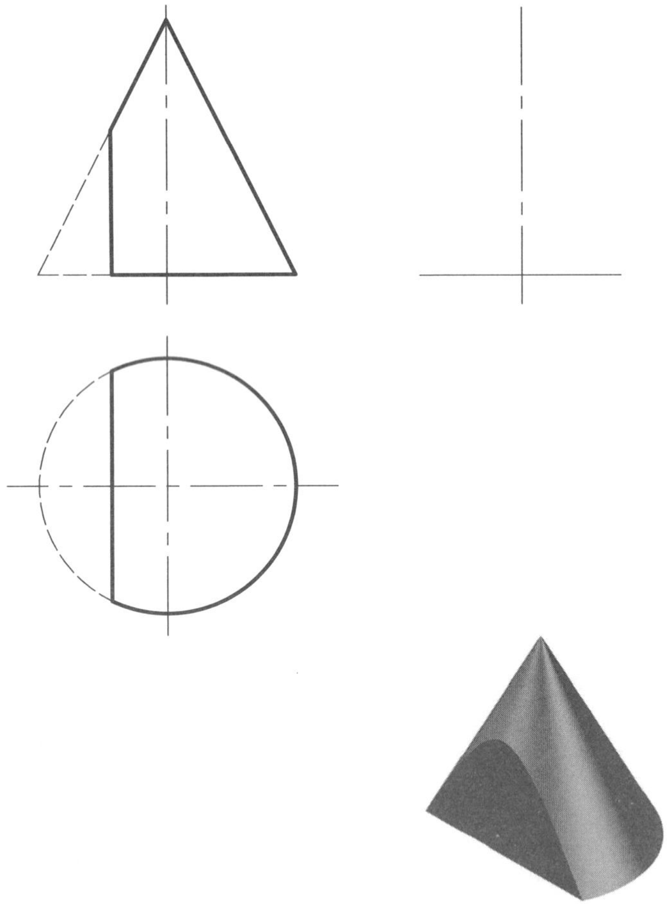

2.

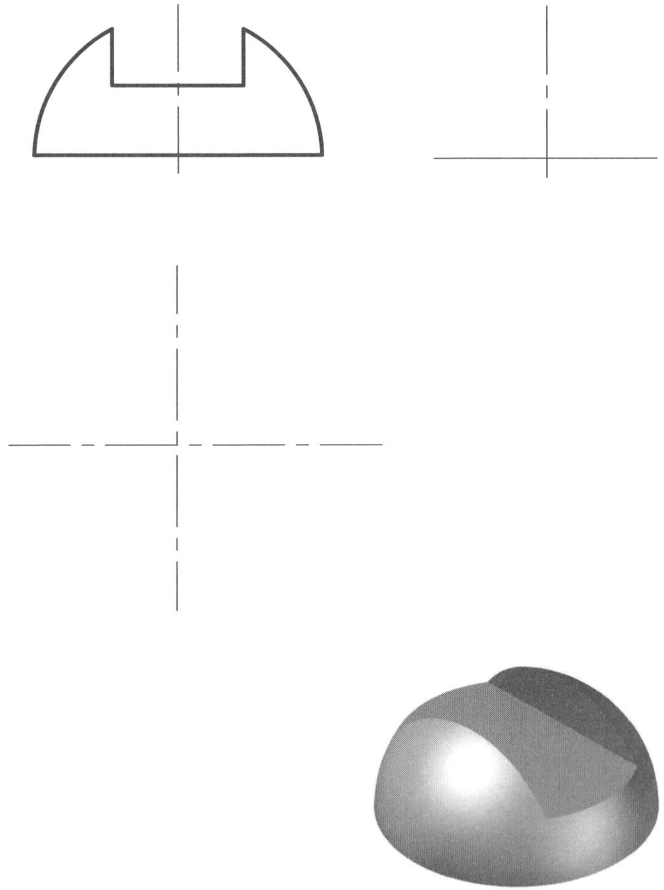

4.3.5　曲面切割体，完成曲面立体被切割后的三视图(5)	班级		姓名		学号	

1.

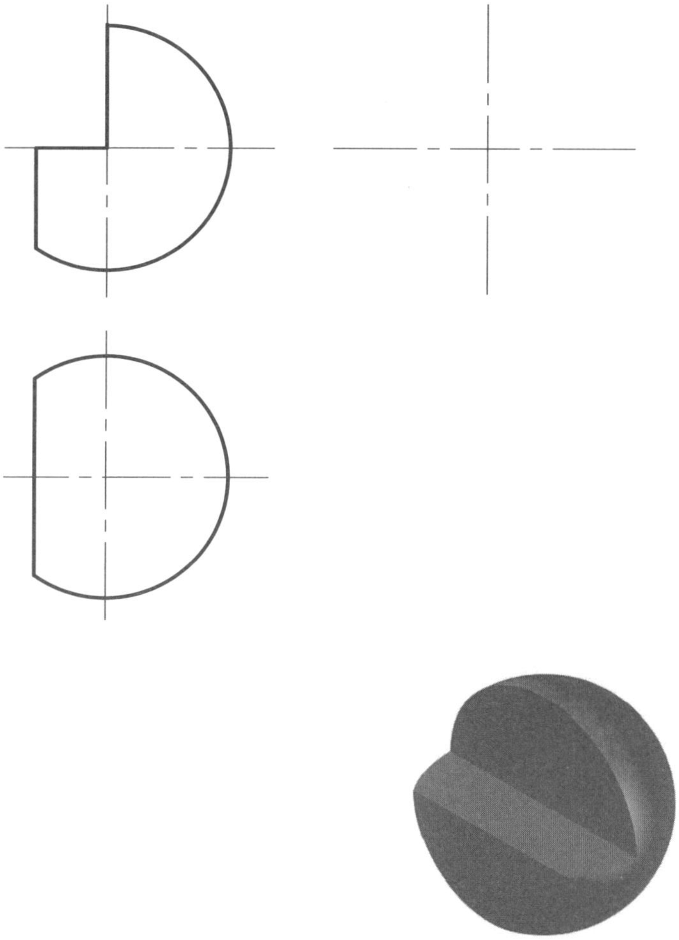

2.

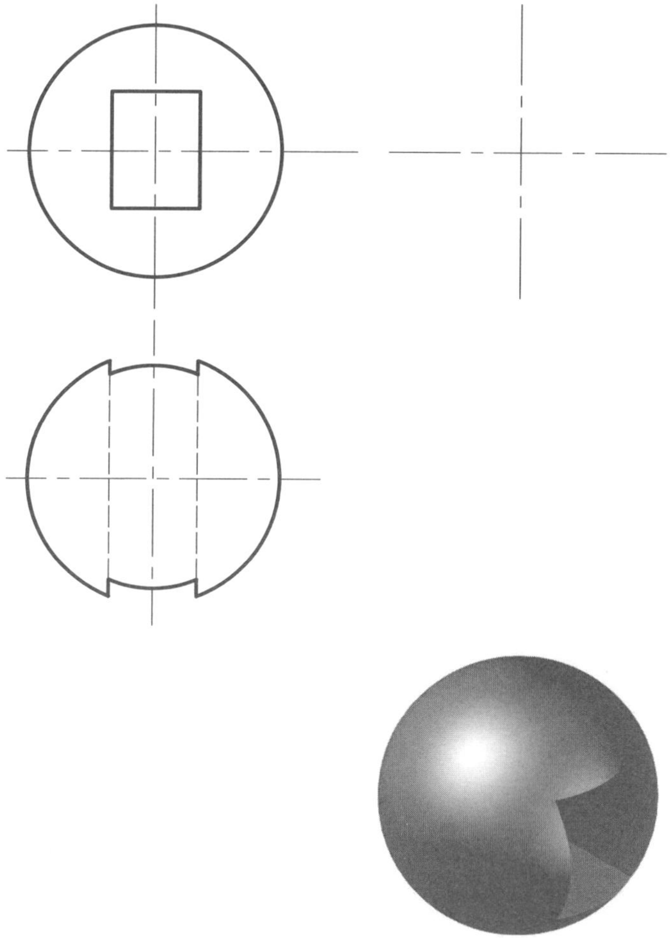

4.3.6　曲面切割体，完成曲面立体被切割后的三视图(6)	班级		姓名		学号	

1.

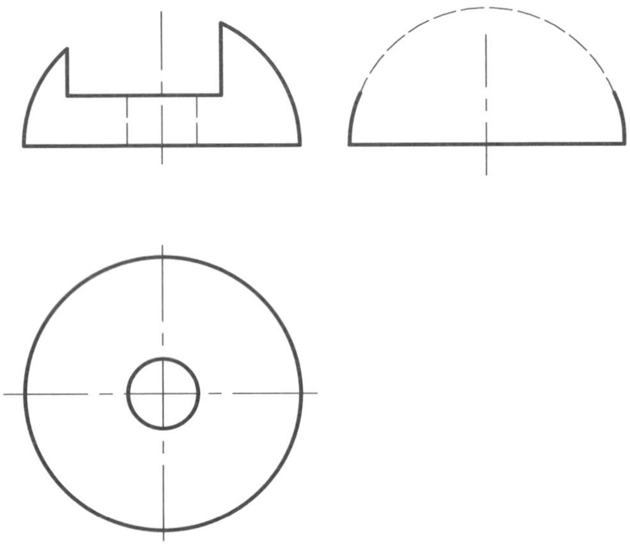

2.

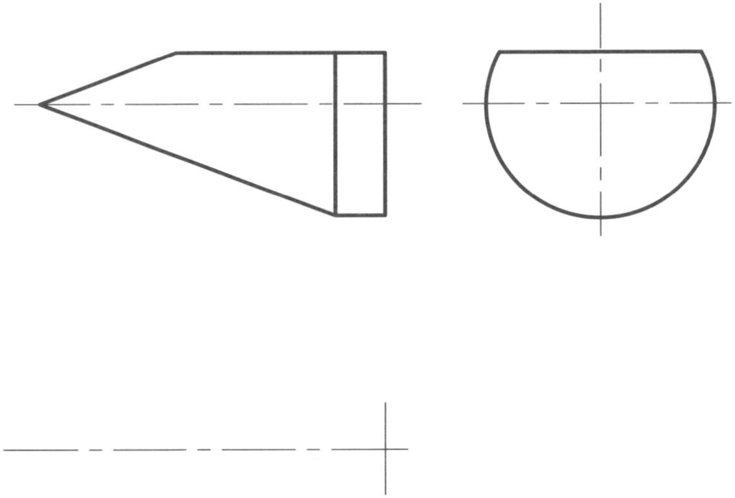

任务四　绘制相贯体三视图

4.4.1　补全相贯线的投影(1)	班级		姓名		学号	

1.

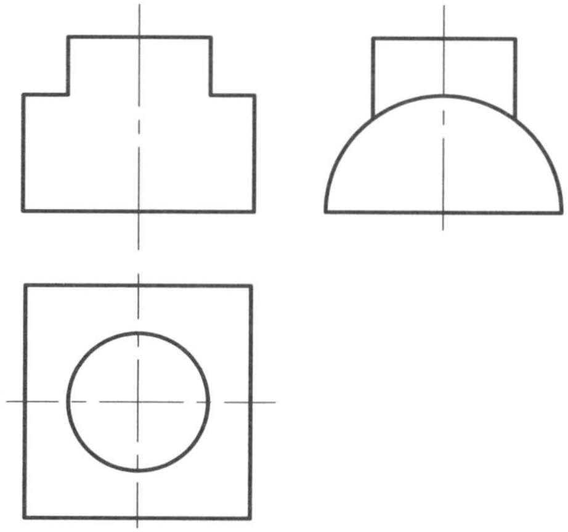

2.

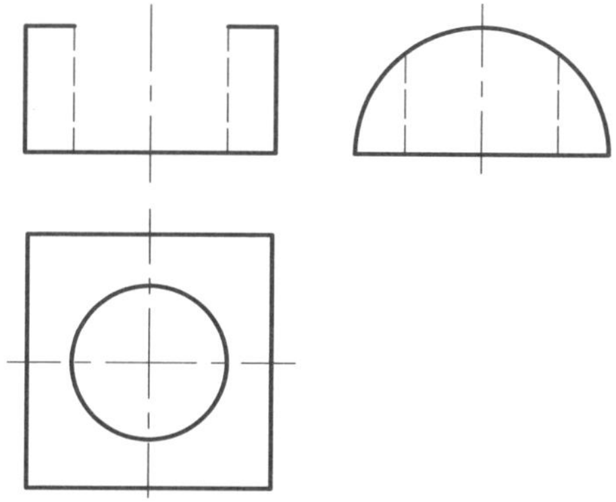

3.

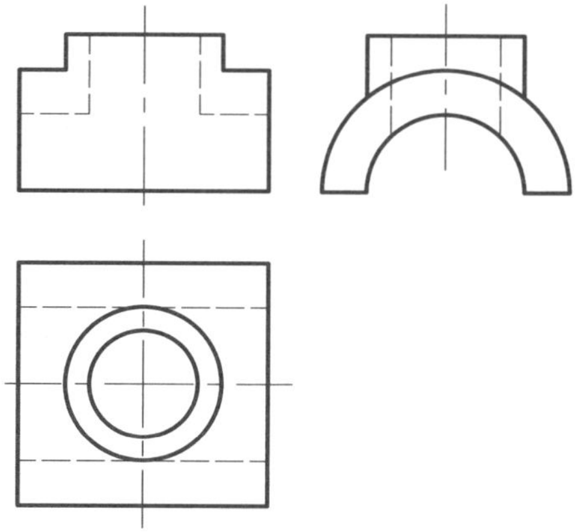

4.

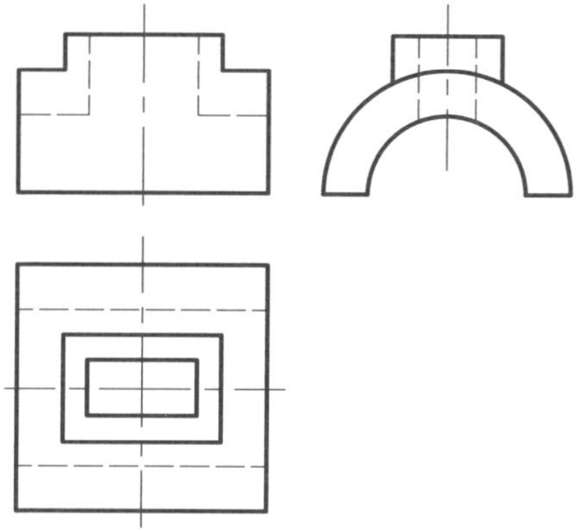

4.4.2 补全相贯线的投影(2)	班级		姓名		学号	

1.

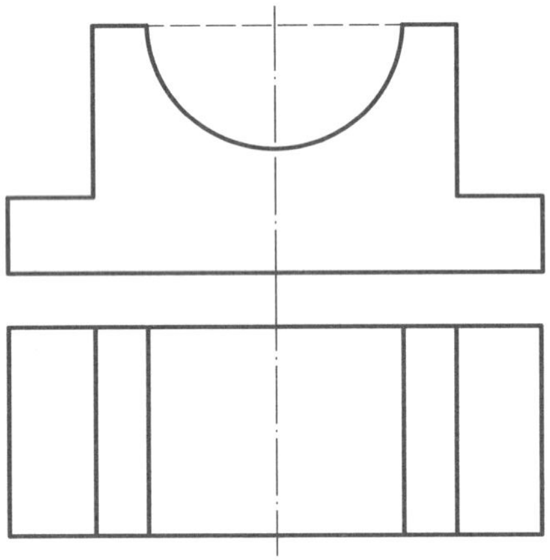

2.

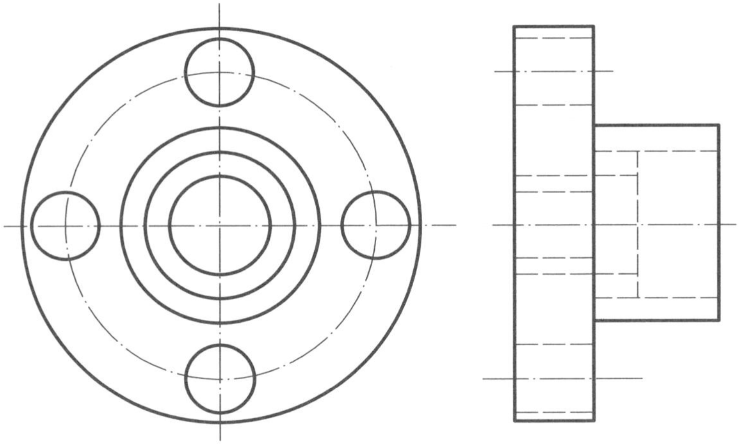

4.4.3　补全相贯线的投影(3)	班级		姓名		学号	

1.

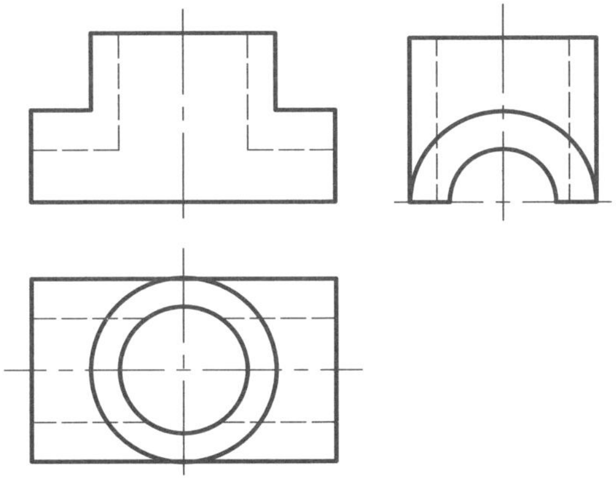

2.

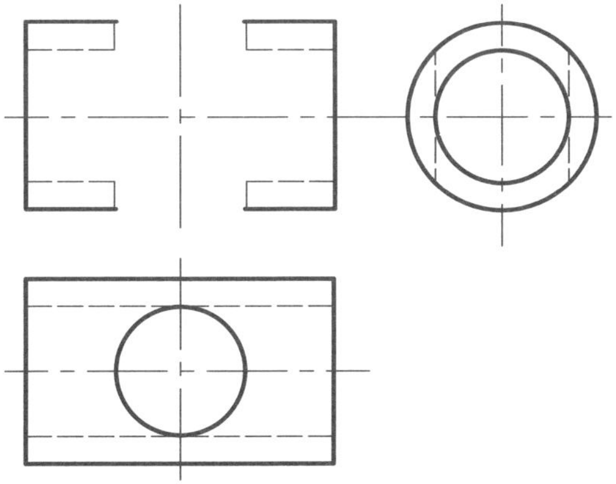

3.

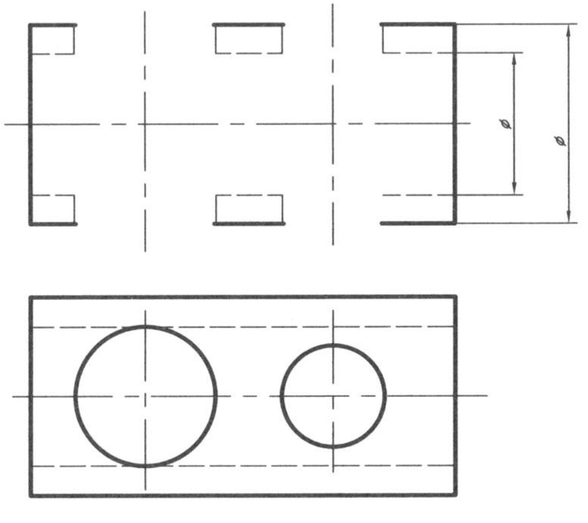

4.

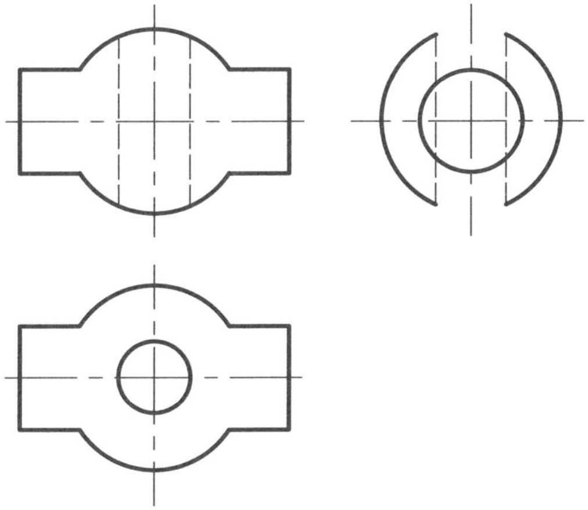

项目五

轴测图的绘制

任务一　绘制正等轴测图

5.1.1　根据物体的视图，画出其正等测图(1)	班级		姓名		学号	

1.

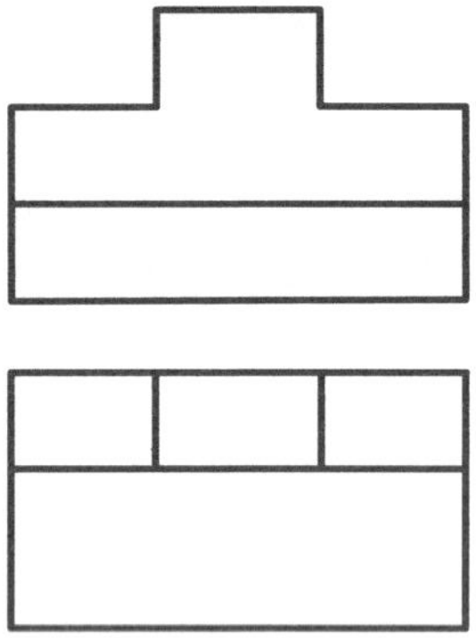

2.

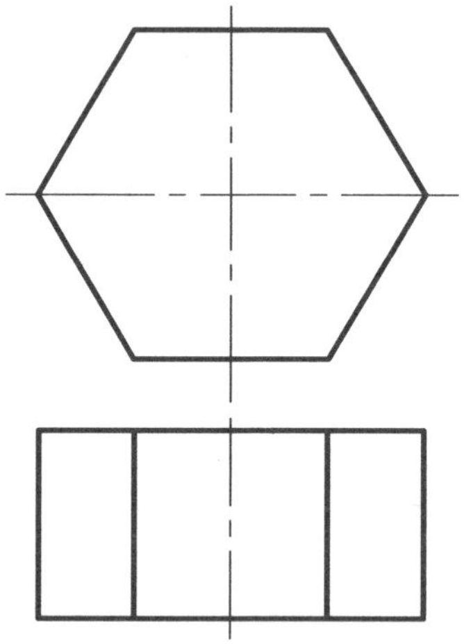

3.

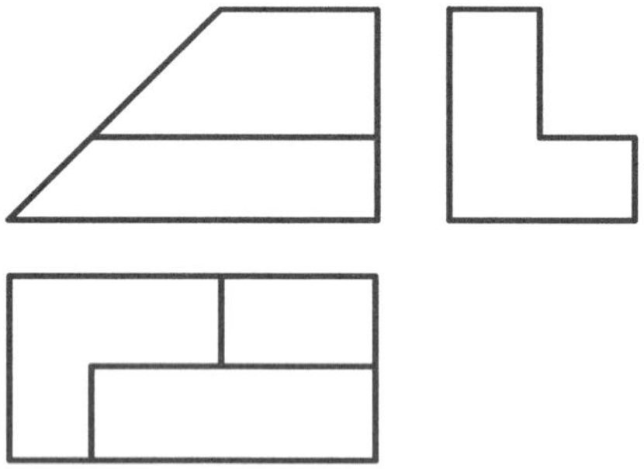

4.

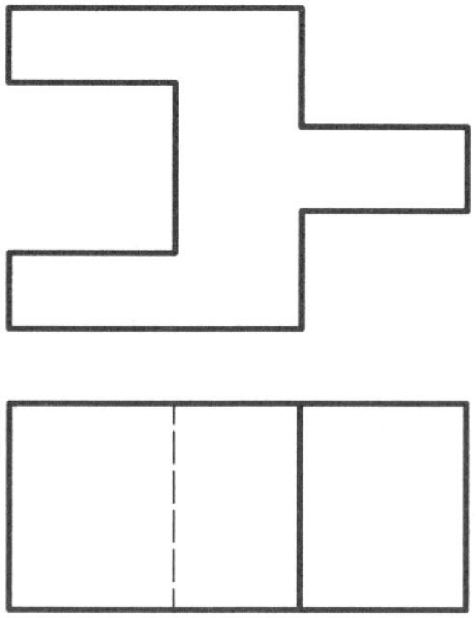

5.1.2　根据物体的视图，画出其正等测图(2)	班级		姓名		学号	

1.

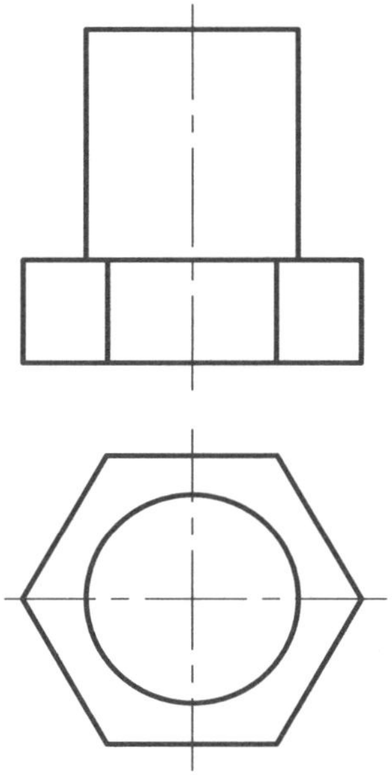

2.

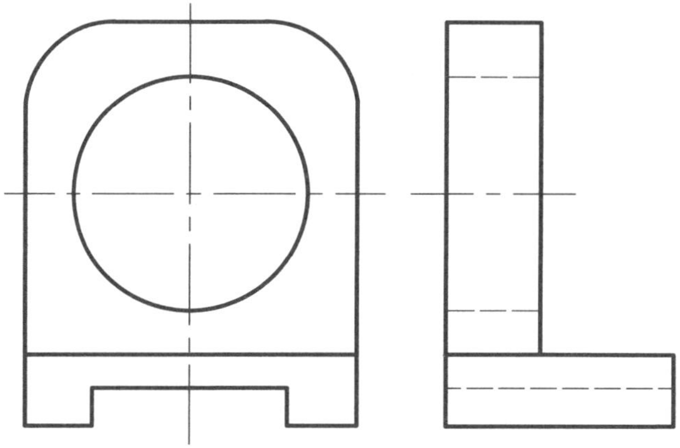

5.1.3 根据物体的视图，画出其正等测图(3)	班级		姓名		学号	

1.

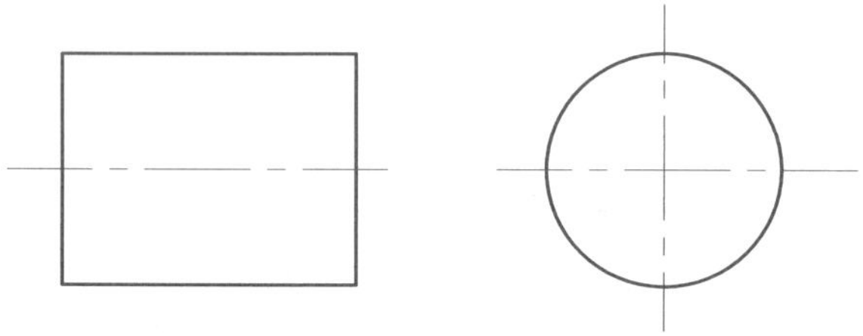

2.

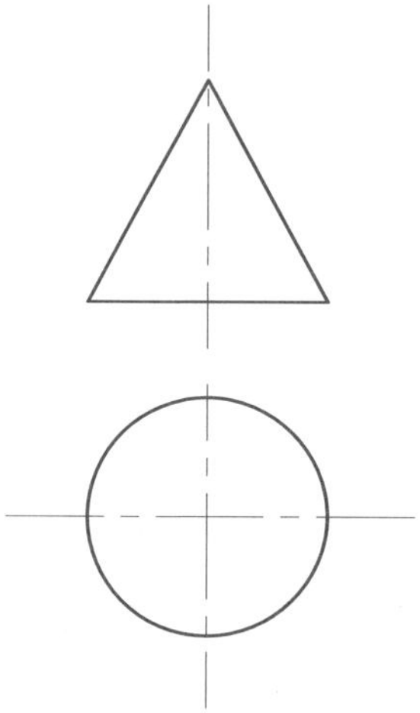

3.

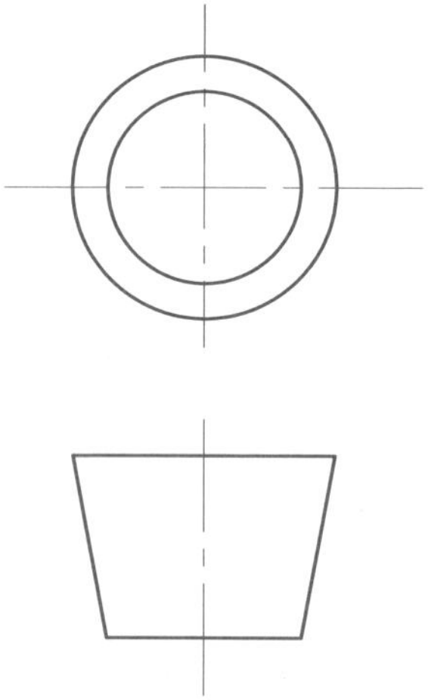

4.

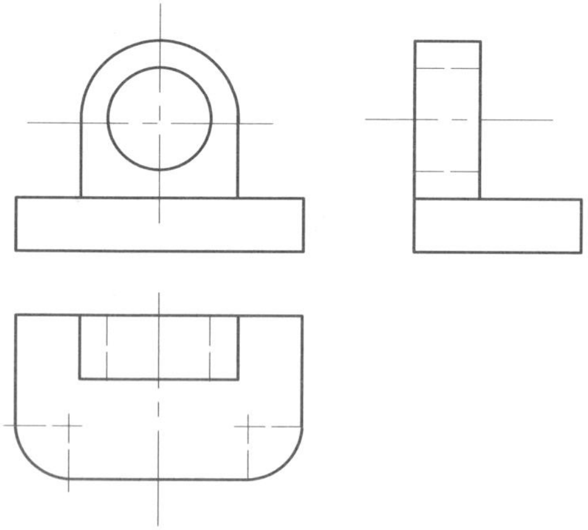

5.1.4 根据物体的视图，画出其正等测图(尺寸从图中量取)	班级		姓名		学号	

1.

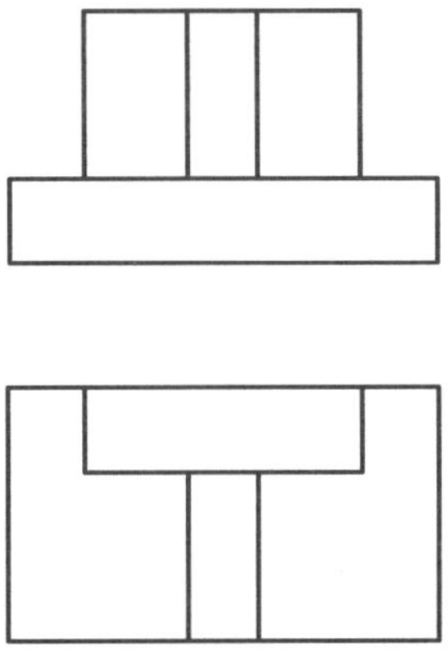

2.

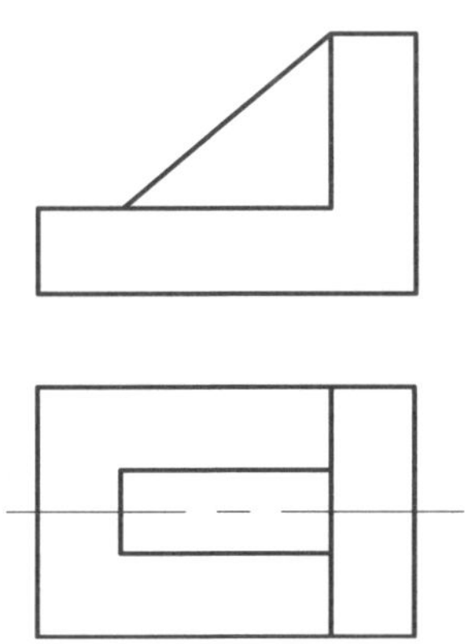

任务二　绘制斜二测图

5.2.1　根据物体的三视图，画其斜二测图(尺寸从图中量)(1)	班级		姓名		学号	

1.

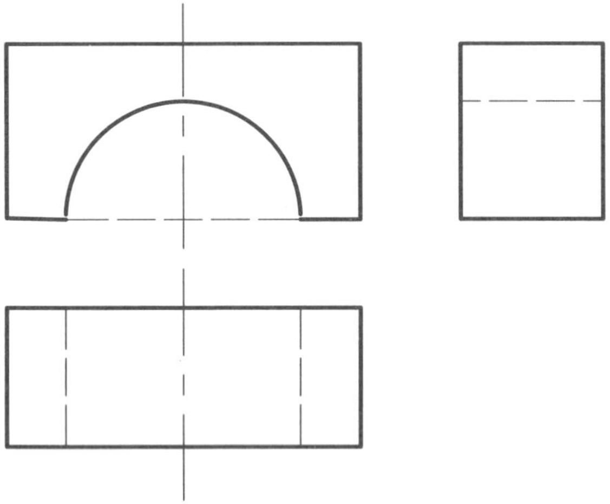

2.

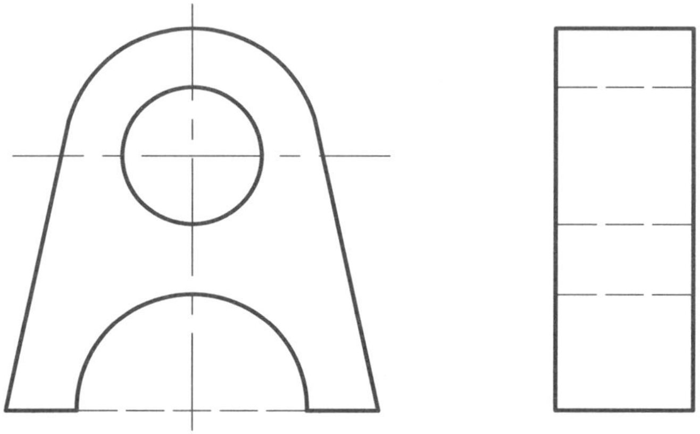

5.2.2　根据物体的三视图，画其斜二测图(尺寸从图中量)(2)	班级		姓名		学号	
1. 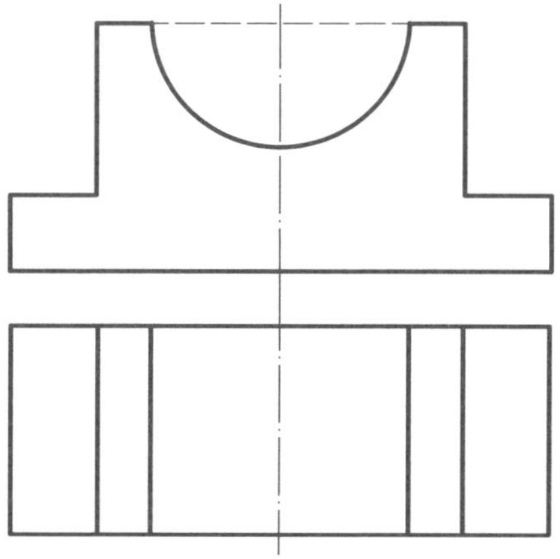	2. 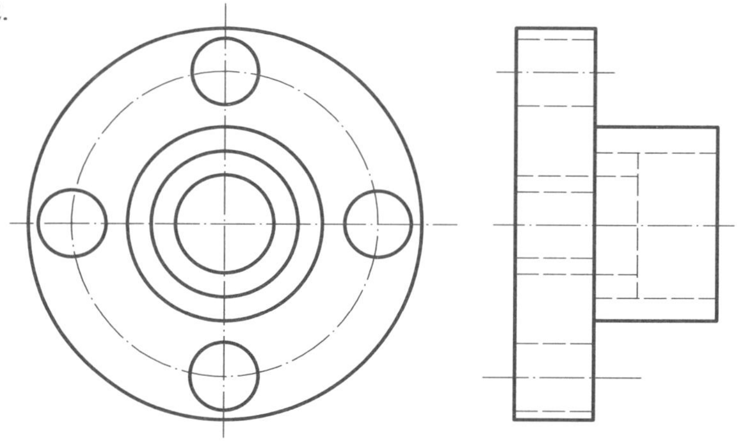					

任务三　绘制轴测草图

5.3.1　根据两视图徒手画轴测草图	班级		姓名		学号	

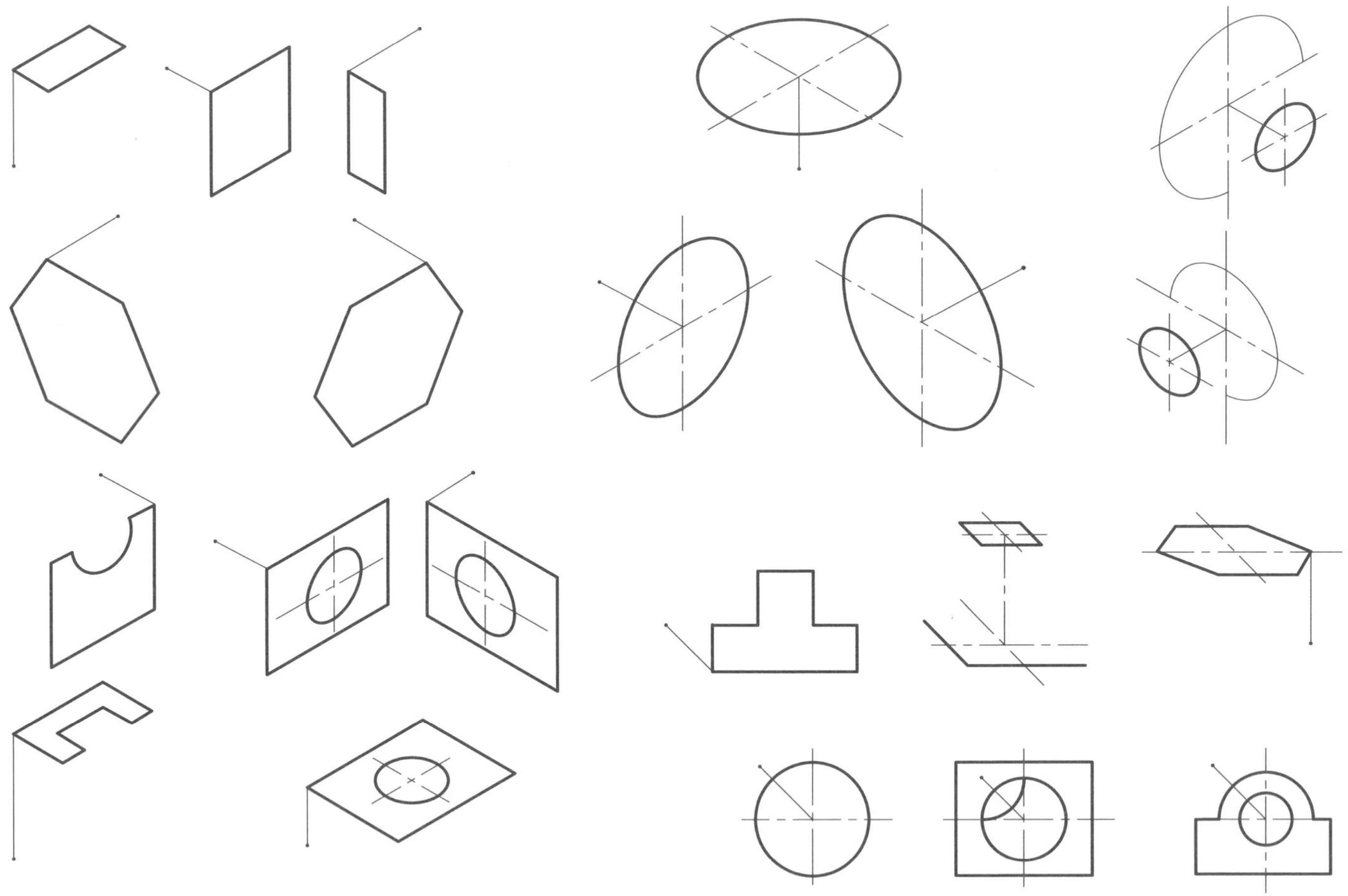

5.3.2 根据视图徒手画轴测草图(左图画正等测图，右图画斜二测图)	班级		姓名		学号	

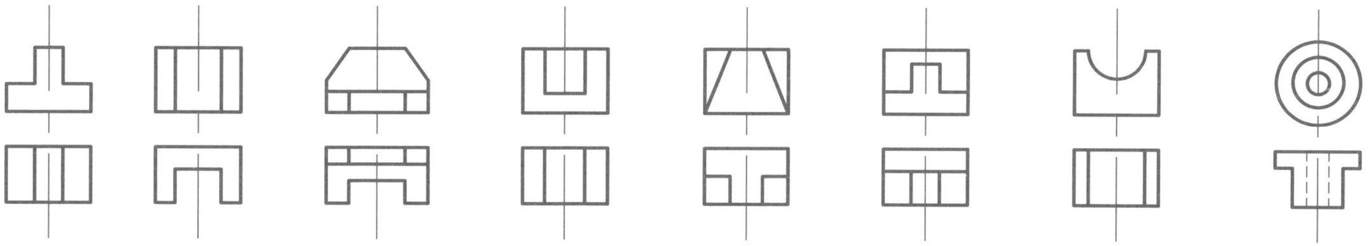

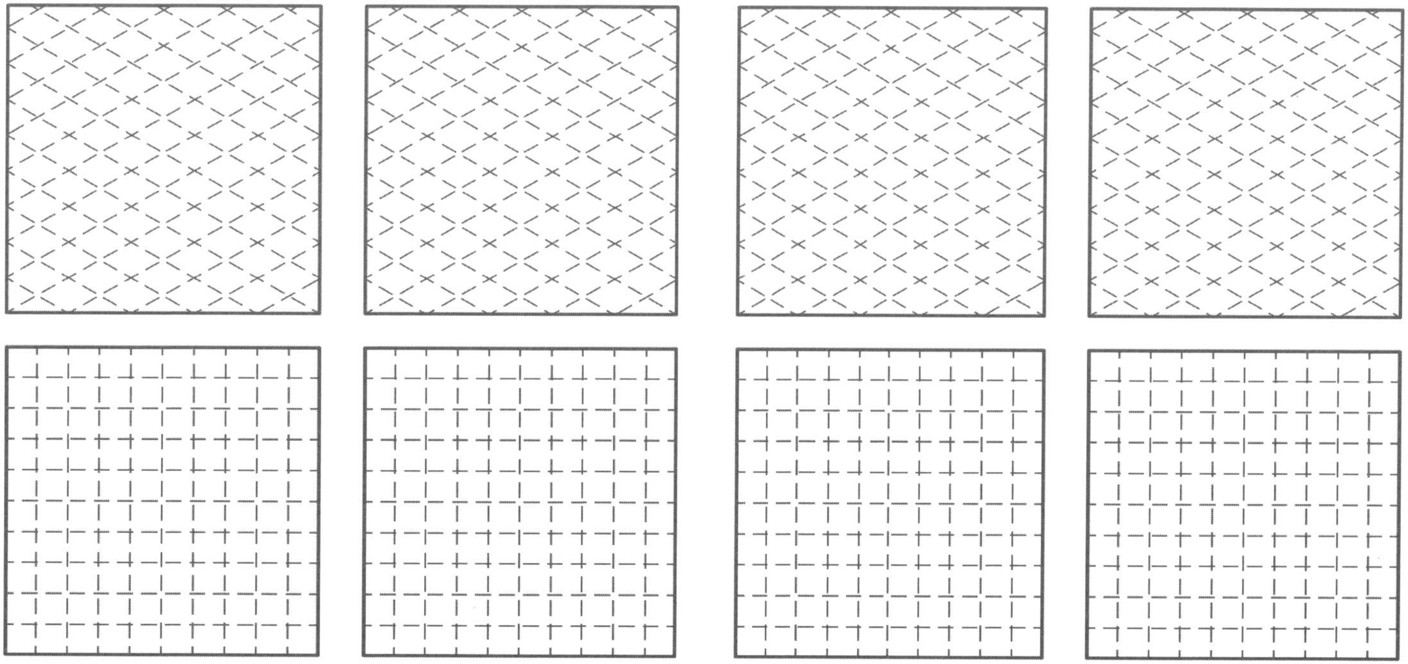

项目六

组合体三视图的绘制

任务一　绘制组合体三视图

6.1.1　根据已知的视图，选择正确的俯视图，将答案写在括号内	班级		姓名		学号	

1.(　　　)

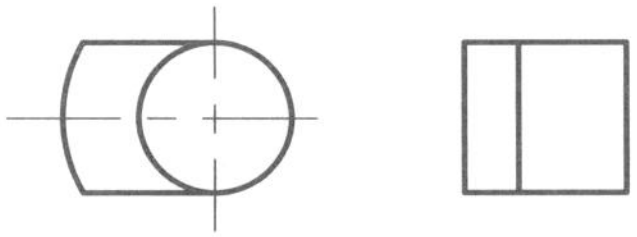

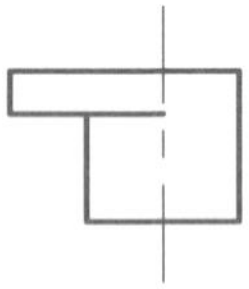
A

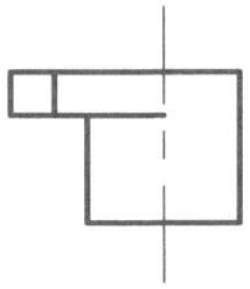
B

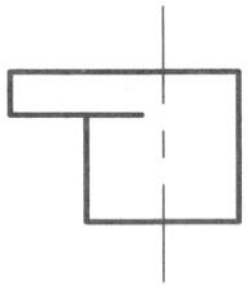
C

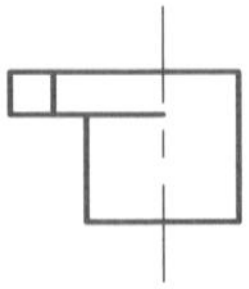
D

2.(　　　)

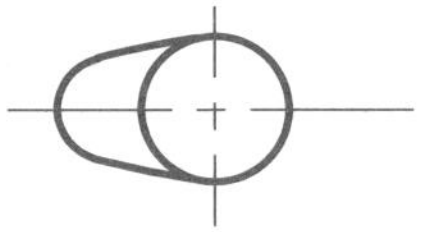

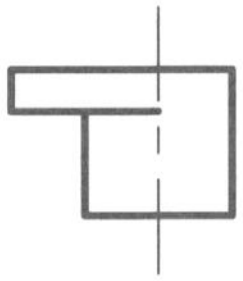
A

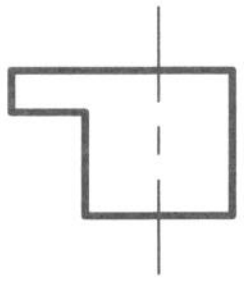
B

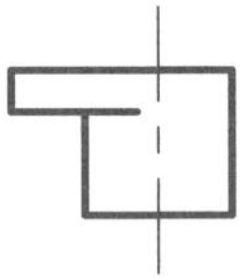
C

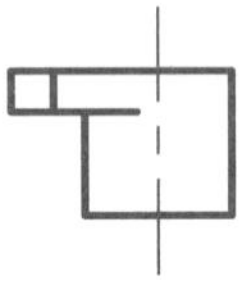
D

3.(　　　)

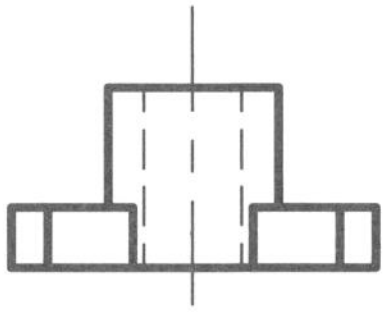

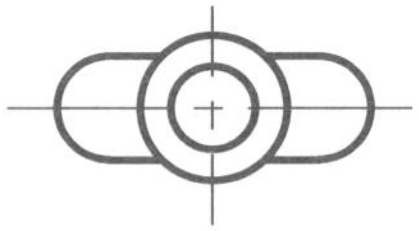
A

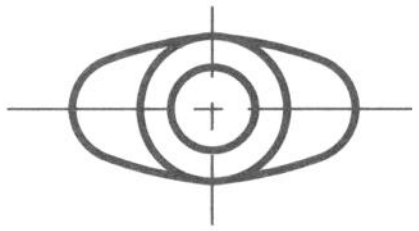
B

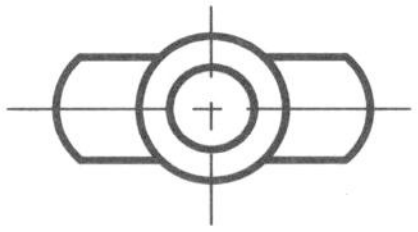
C

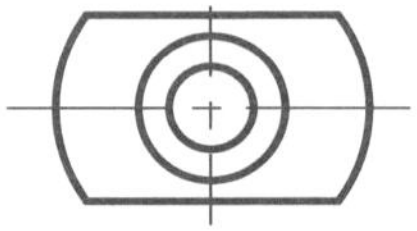
D

4.(　　　)

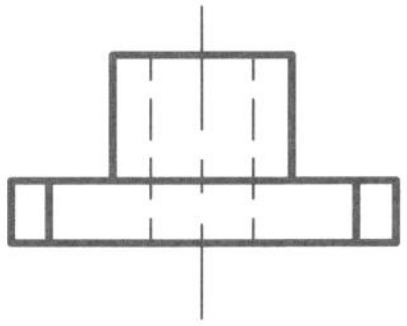

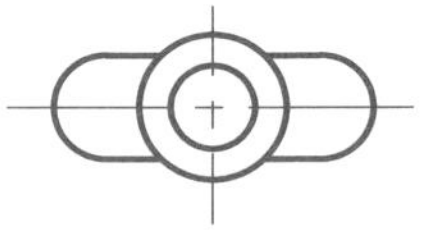
A

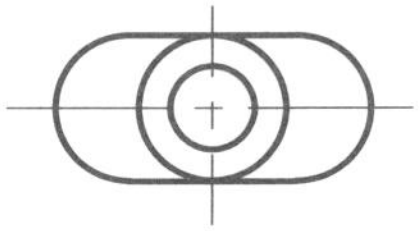
B

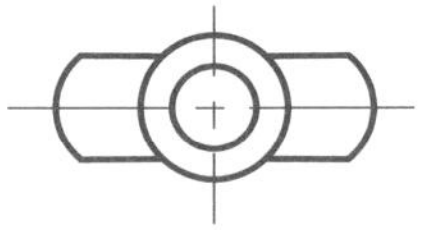
C

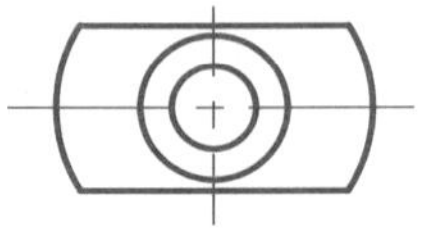
D

6.1.2　根据已知的主、俯视图，选择正确的左视图，将答案写在括号内	班级		姓名		学号	

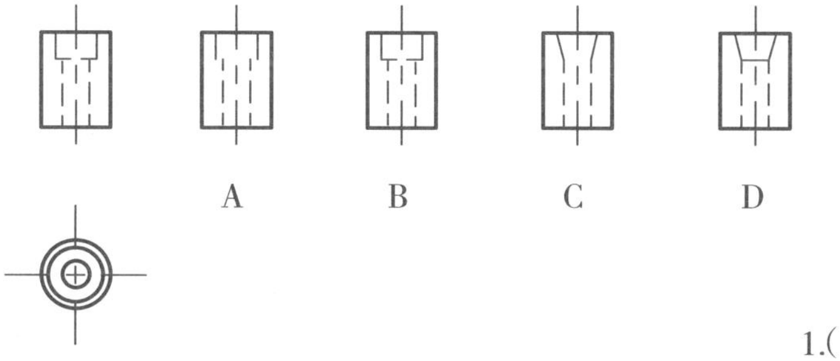

1.(　　　)

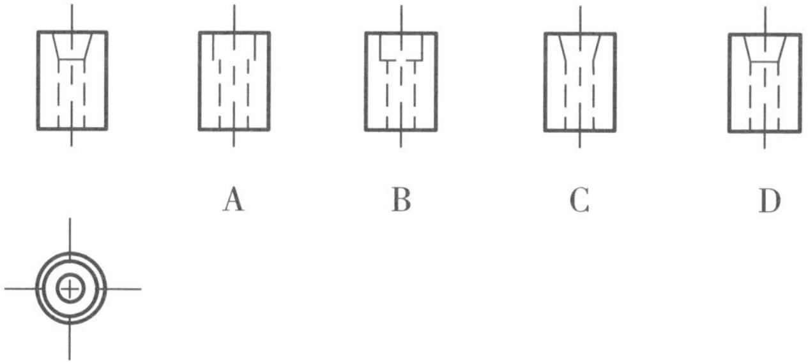

2.(　　　)

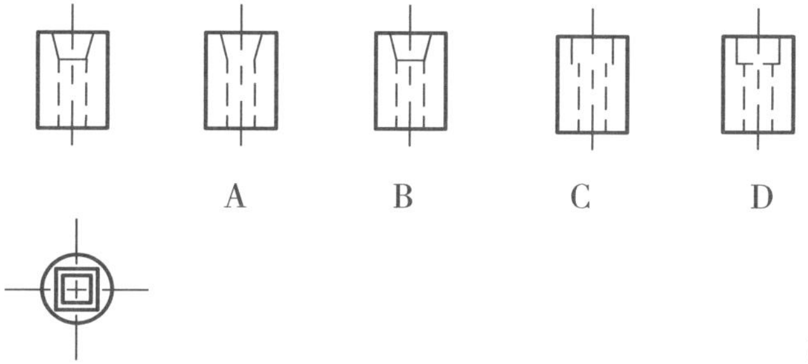

3.(　　　)

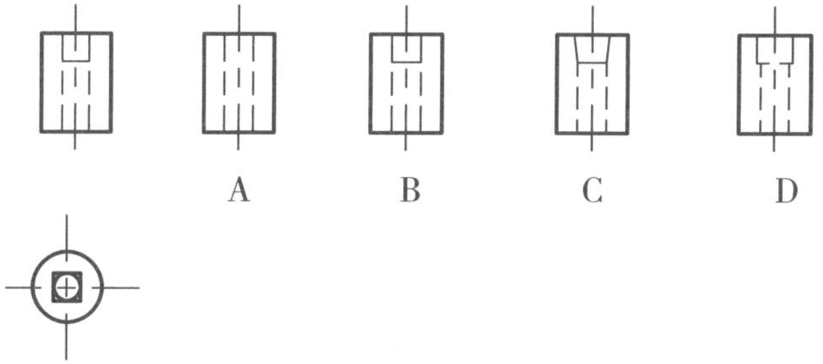

4.(　　　)

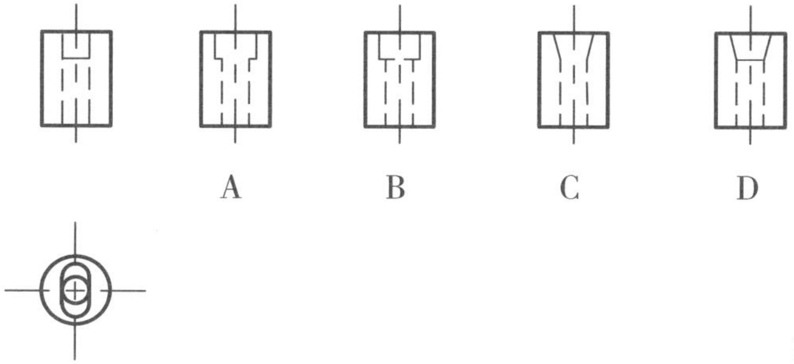

5.(　　　)

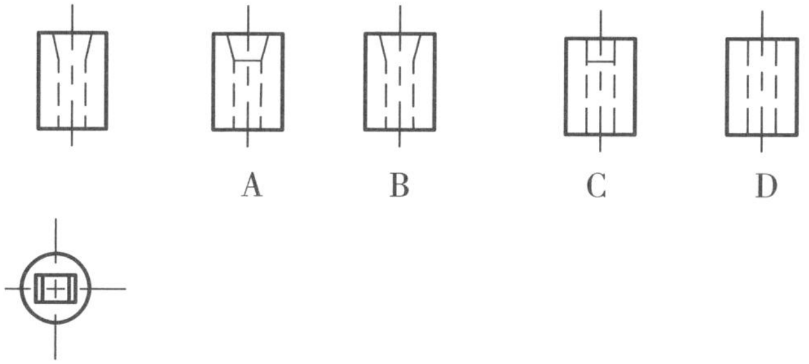

6.(　　　)

6.1.3 补画下列各组合体的表面交线	班级		姓名		学号	

1.

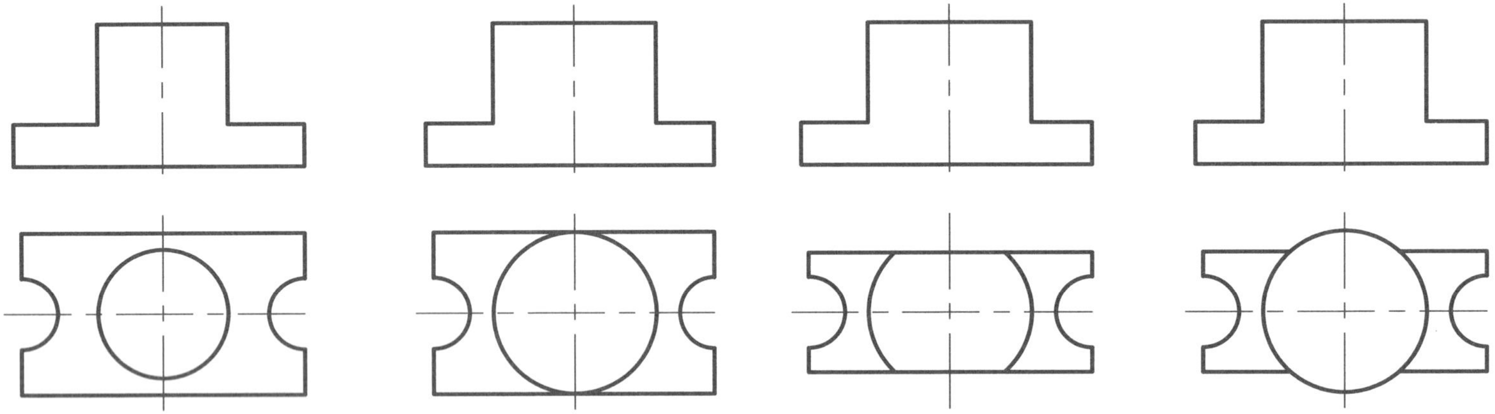

2.

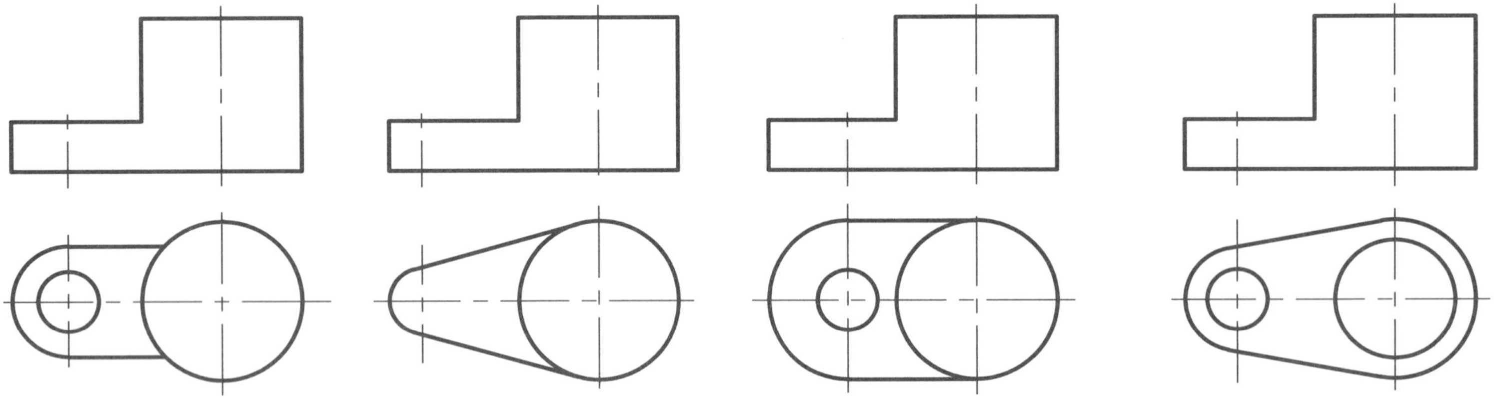

6.1.4　根据轴测图上箭头所指的投射方向，选择正确的视图	班级		姓名		学号	

1.(　　　)

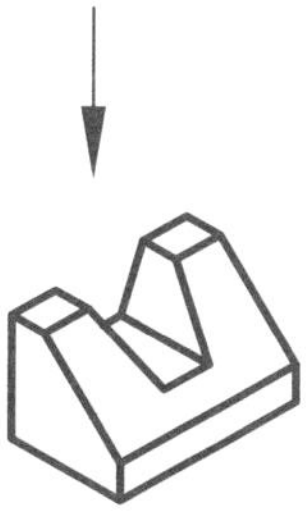

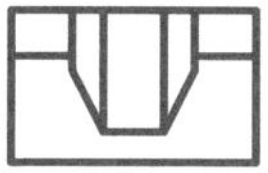

A

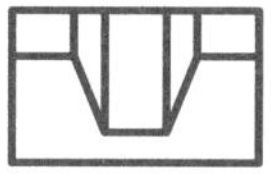

B

C

D

2.(　　　)

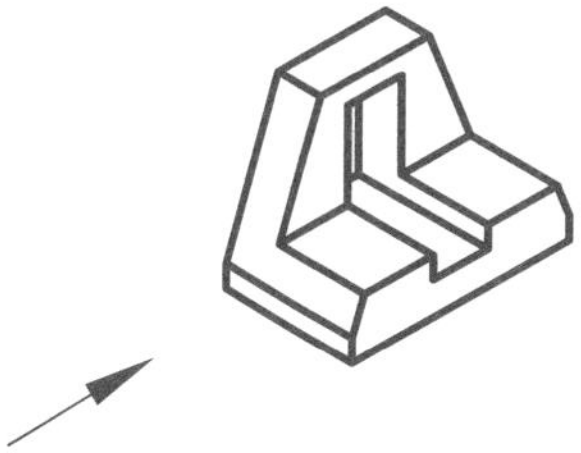

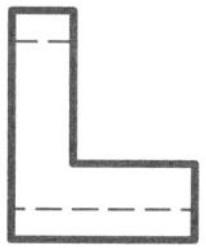

A

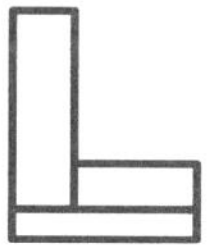

B

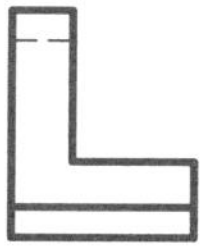

C

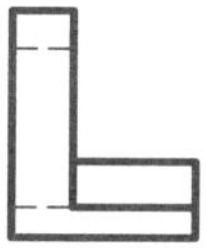

D

3.(　　　)

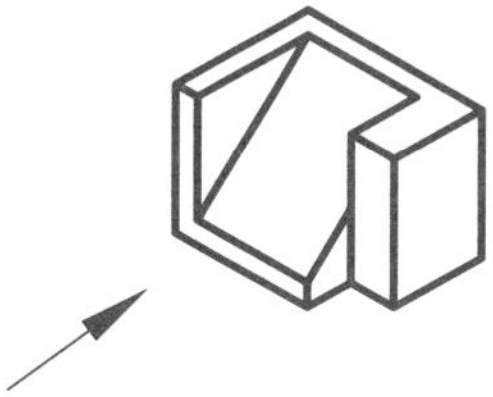

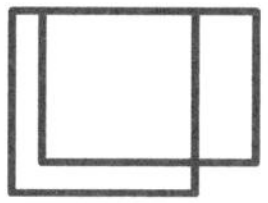

A

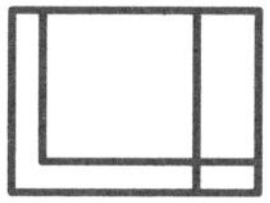

B

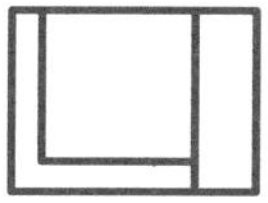

C

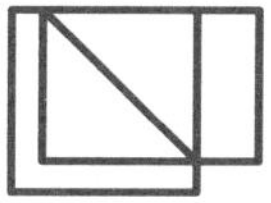

D

4.(　　　)

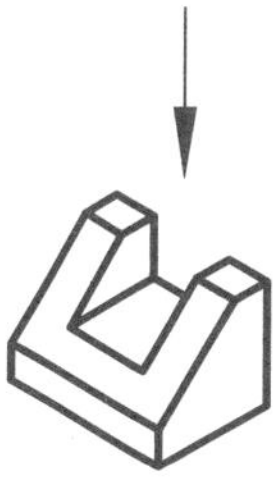

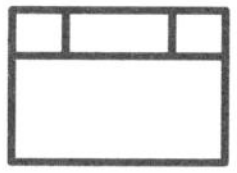

A

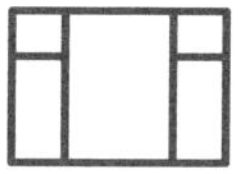

B

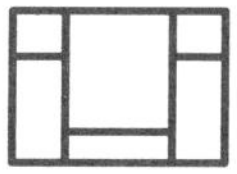

C

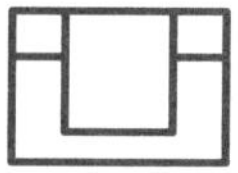

D

6.1.5 参考轴测图，按形体分析方法，逐步画出组合体的左视图	班级		姓名		学号	

1. 已知轴测图

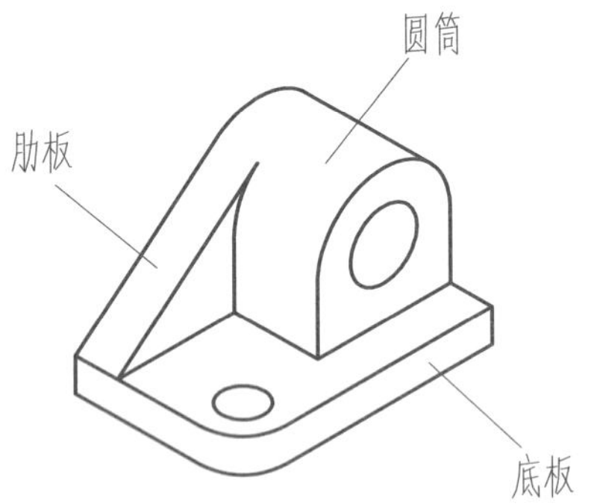

2. 画底板左视图

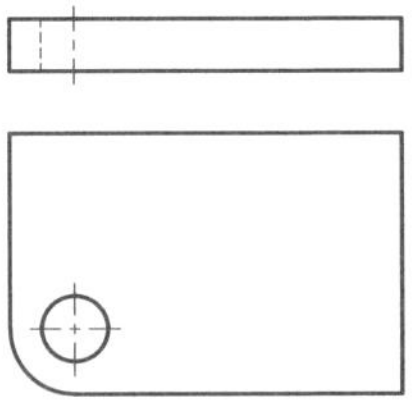

3. 加圆筒后画左视图

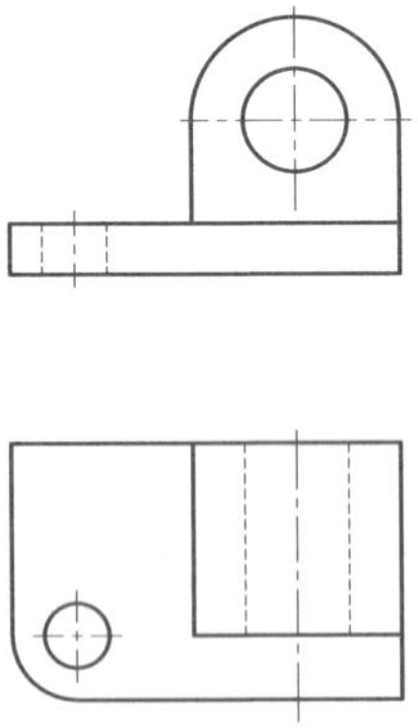

4. 加肋板后完成组合体的左视图

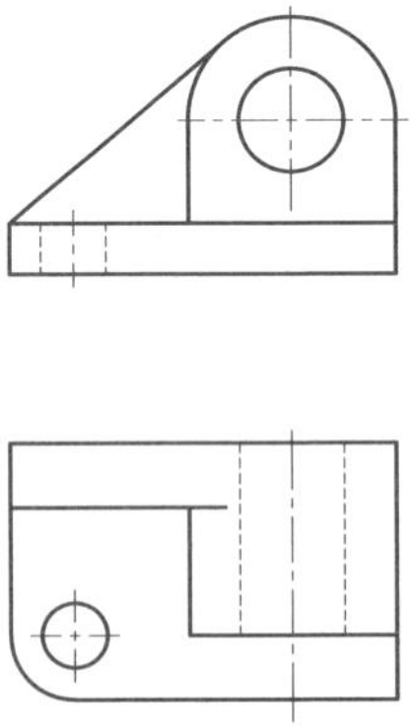

6.1.6　参考轴测图，按切割的顺序，逐步画出组合体的左视图	班级		姓名		学号	

1.已知轴测图

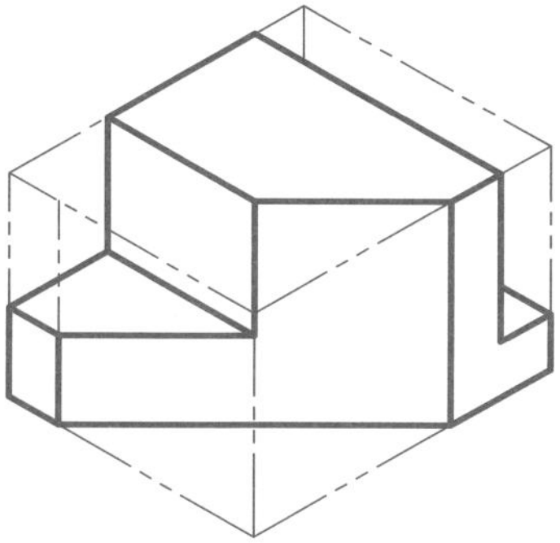

2.第一次切割后补画左视图

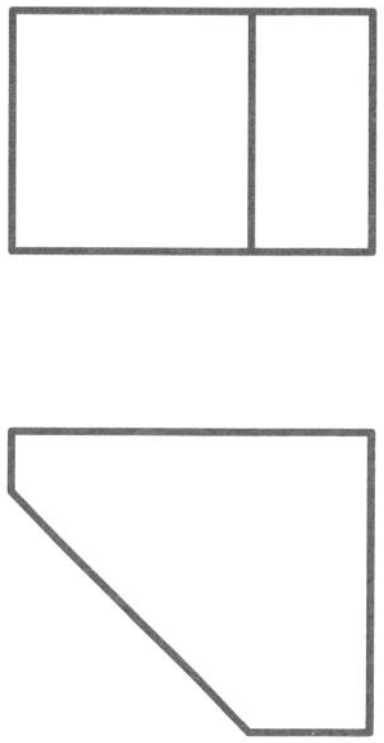

3.第二次切割后补画左视图

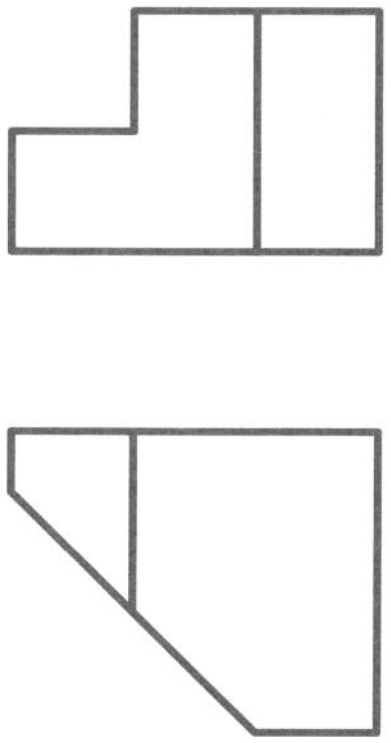

4.第三次切割后完成组合体的左视图

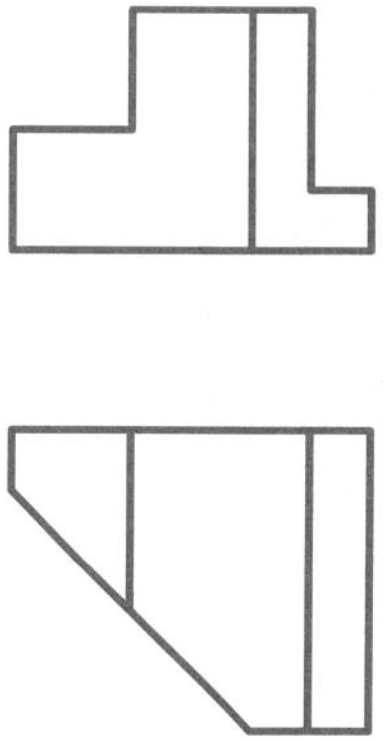

6.1.7 根据已知的轴测图，按1∶1的比例画三视图(1)	班级		姓名		学号	

1.

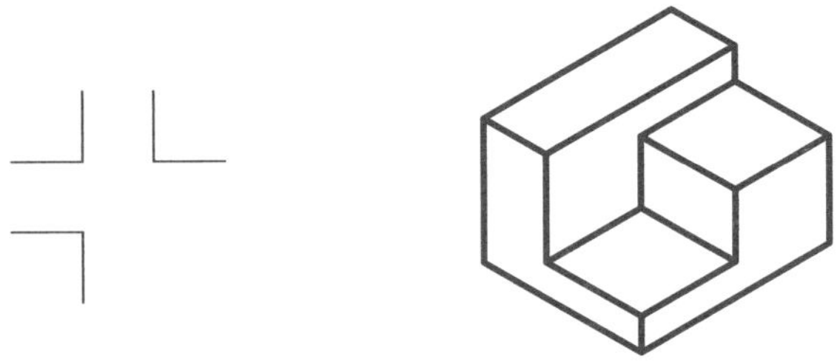

2.

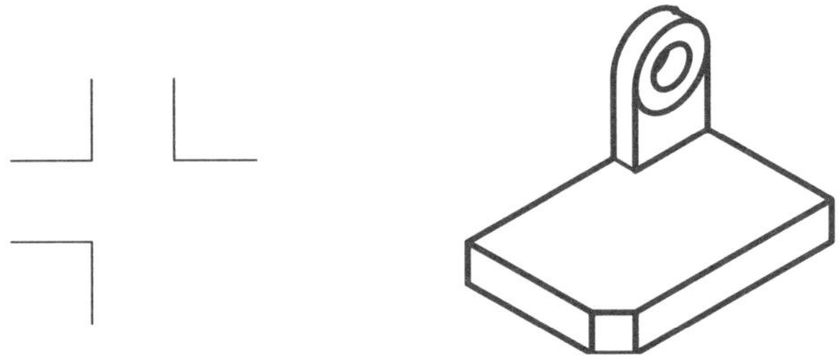

3.

4.

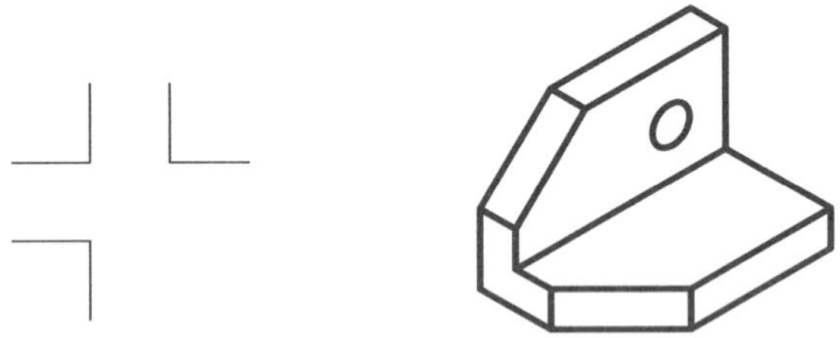

6.1.8　根据已知的轴测图，按1：1的比例画三视图(2)	班级		姓名		学号	

1.

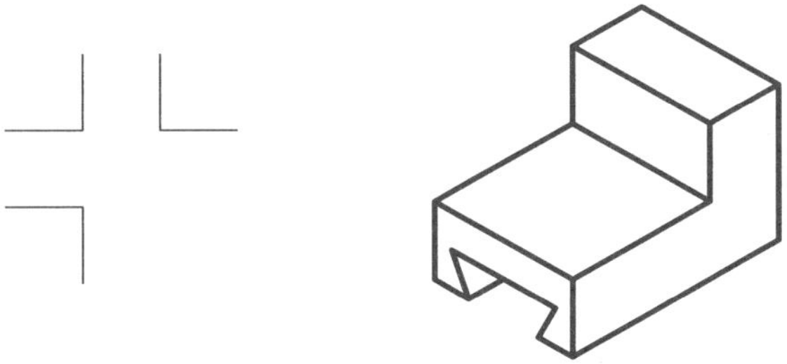

2.

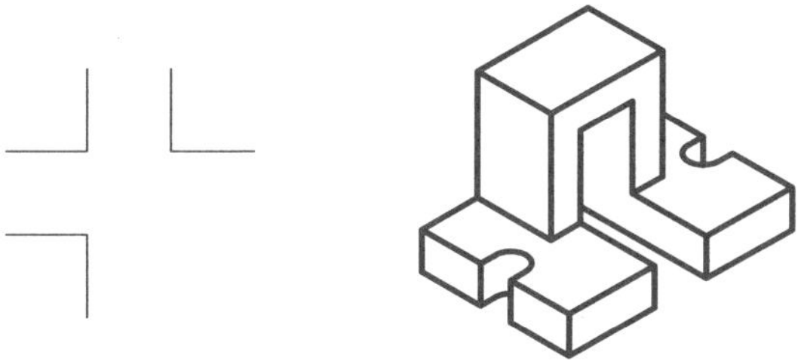

3.

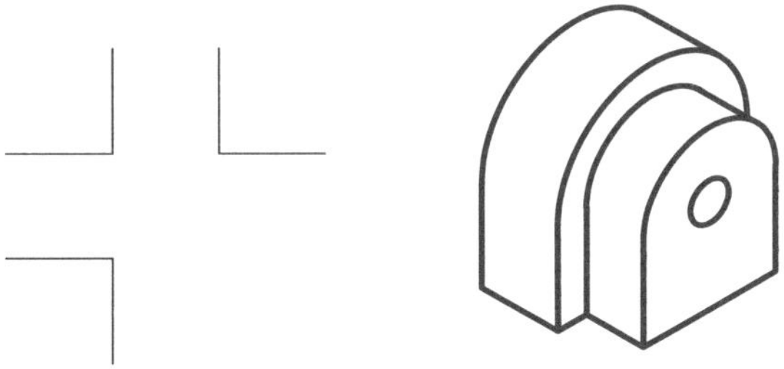

4.

6.1.9　根据已知的轴测图，按1：1的比例画三视图(3)	班级		姓名		学号	

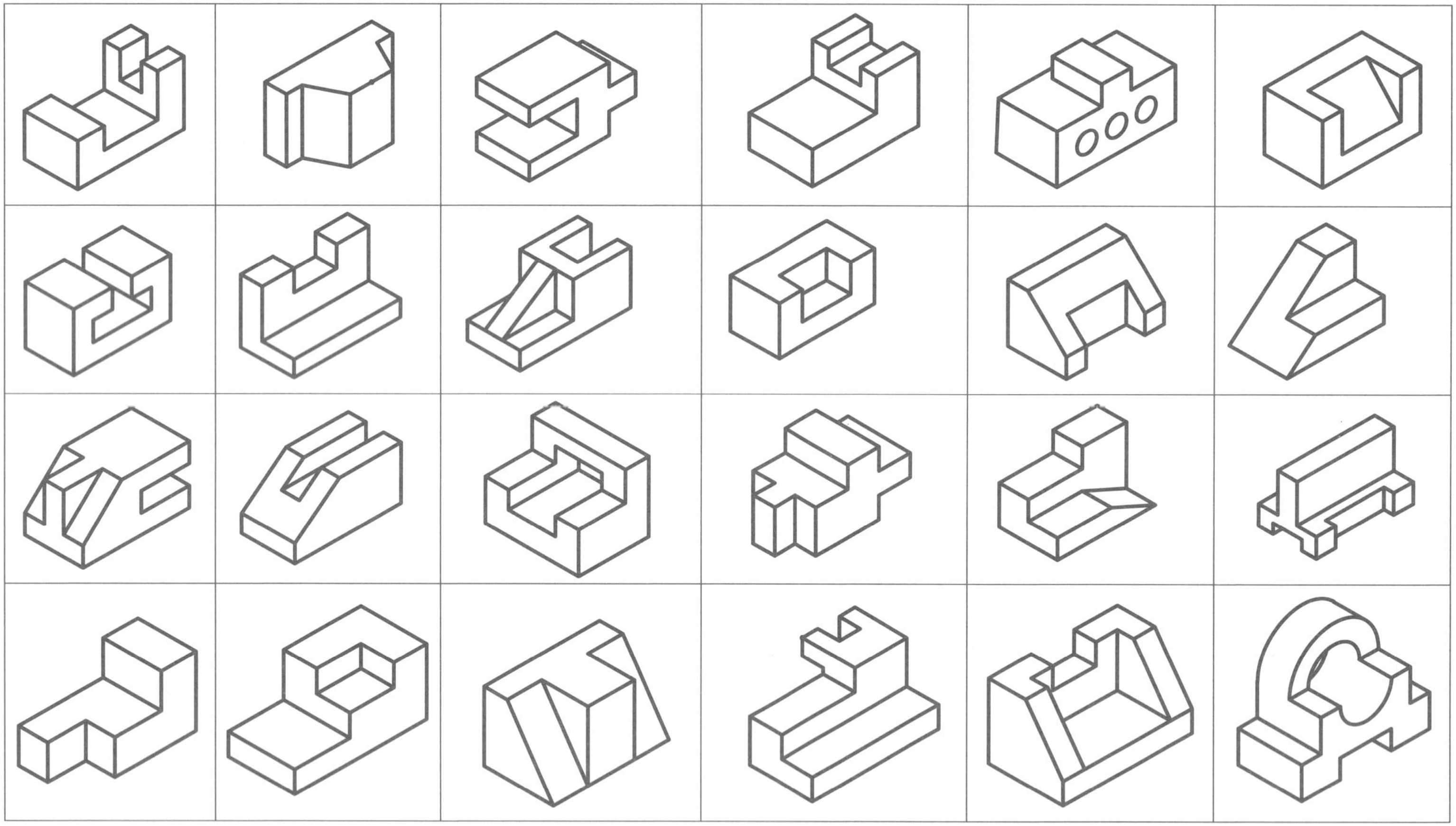

任务二　标注组合体尺寸

6.2.1　通过形体分析标注组合体的尺寸(数值从视图中量取,取整数)	班级		姓名		学号	

1. 标注底板的尺寸

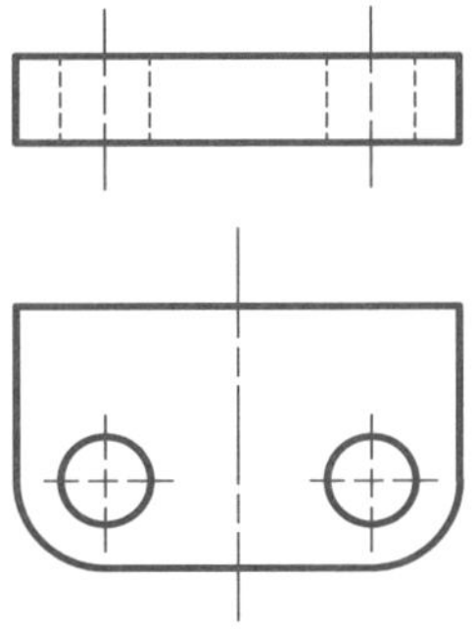

2. 标注肋板的尺寸

3. 标注竖板的尺寸

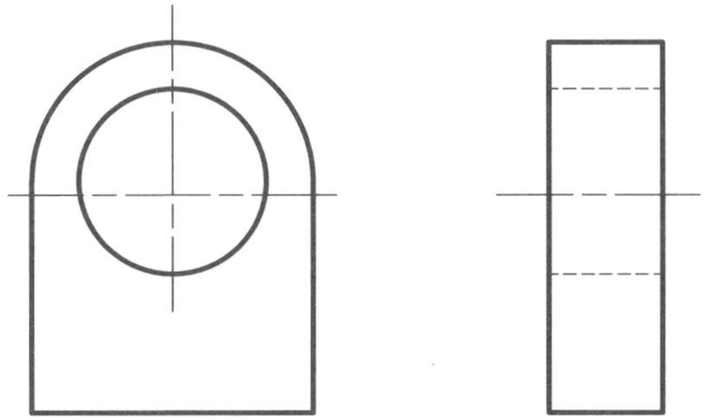

4. 标注组合体的尺寸

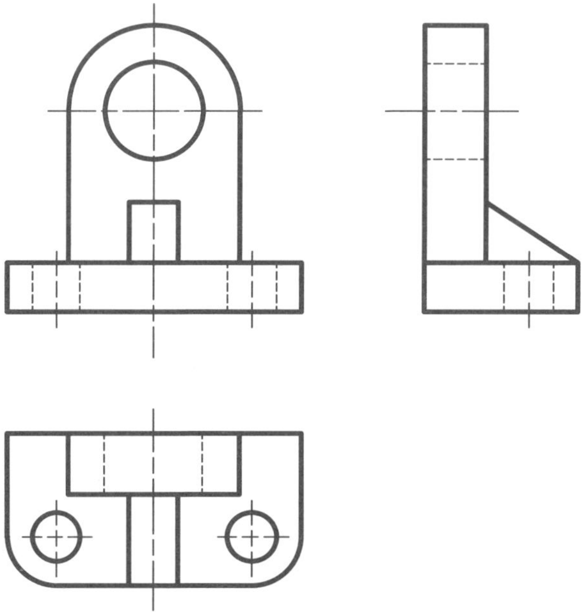

6.2.2 读懂三视图，分析尺寸，并补全图中所缺尺寸(取整)	班级		姓名		学号	

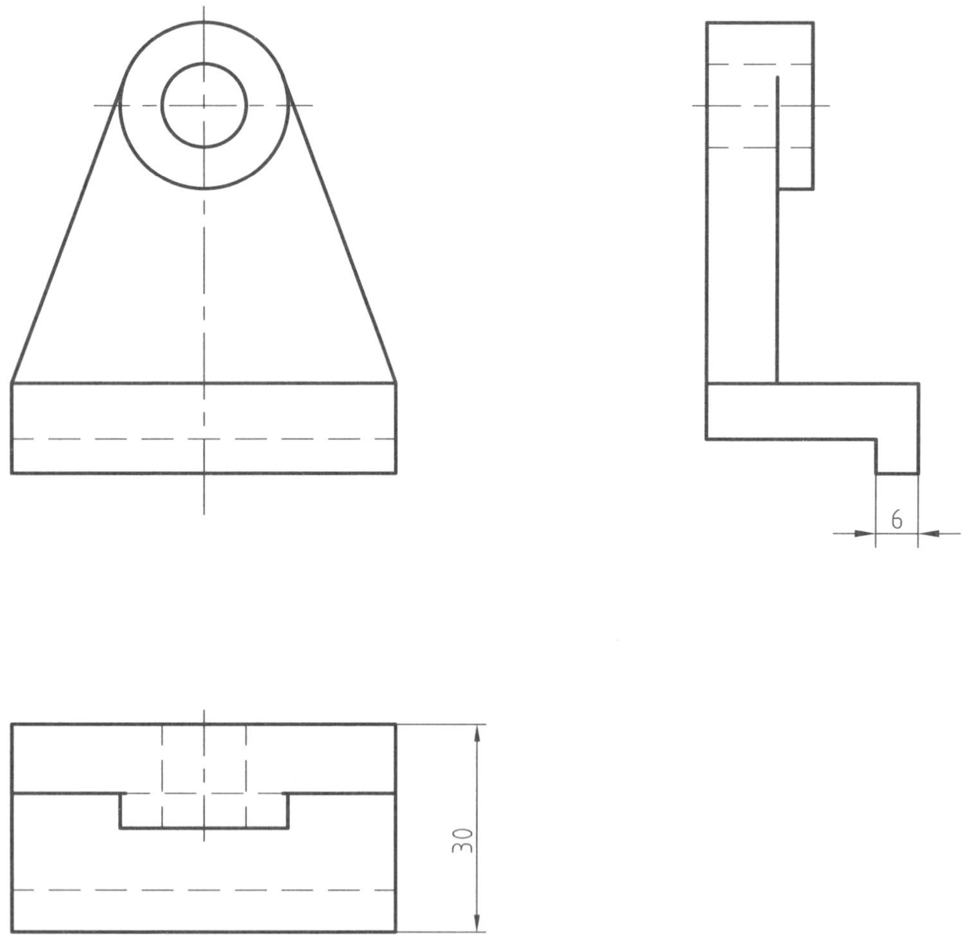

6.2.3 读懂三视图，分析尺寸，并填空	班级		姓名		学号	

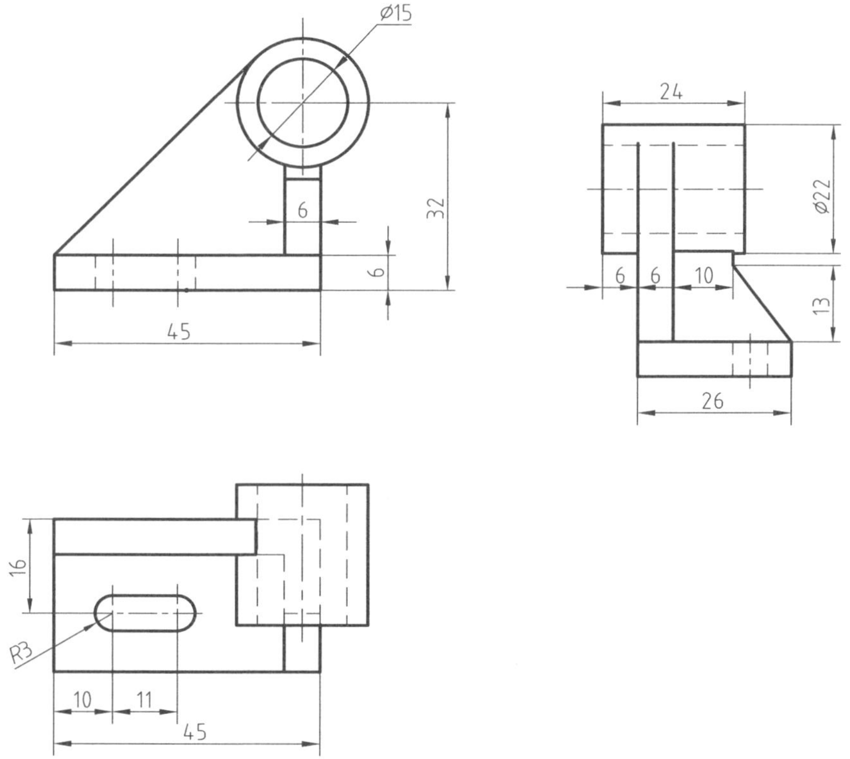

(1) 圆筒的定形尺寸为(　　)、(　　)和(　　)。

(2) 底板的定形尺寸为(　　)、(　　)和(　　)。

(3) 支架的底面是(　　)方向的尺寸基准。

(4) 支架 $\phi 15$ mm孔的轴线是(　　)方向的尺寸基准。

(5) 后支板和底板的后面是共面的，这个面是(　　)方向的尺寸基准。

(6) 圆筒高度方向的定位尺寸是(　　)；宽度方向的定位尺寸是(　　)；长度方向的定位尺寸是(　　)。

(7) 底板上长圆孔的定形尺寸是(　　)和(　　)；定位尺寸是(　　)和(　　)。

任务三　识读组合体视图

6.3.1　根据已知的主、俯视图，选择正确的左视图，将答案写在括号里(1)	班级		姓名		学号	

1.(　　　)

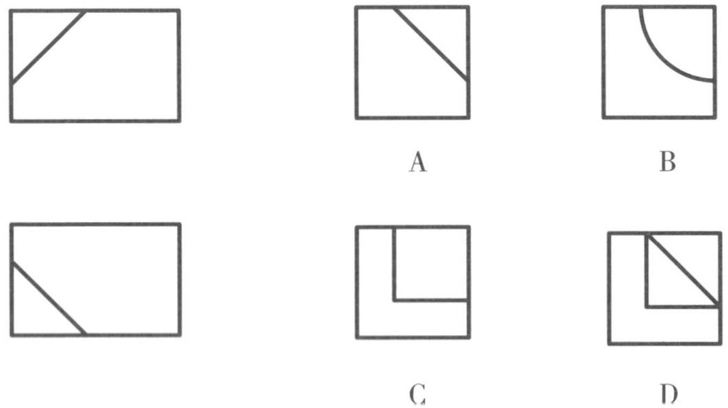

2.(　　　)

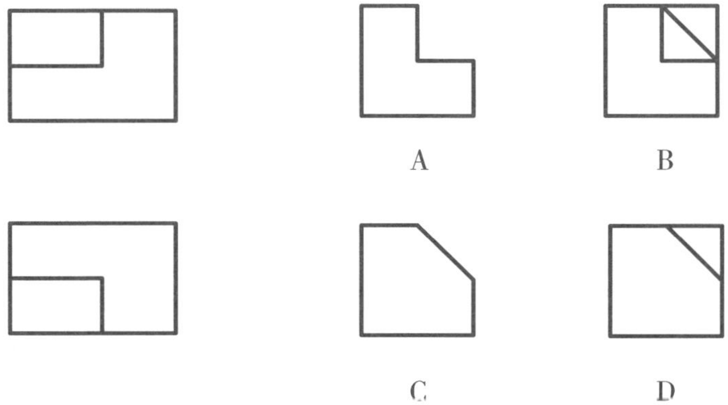

3.(　　　)

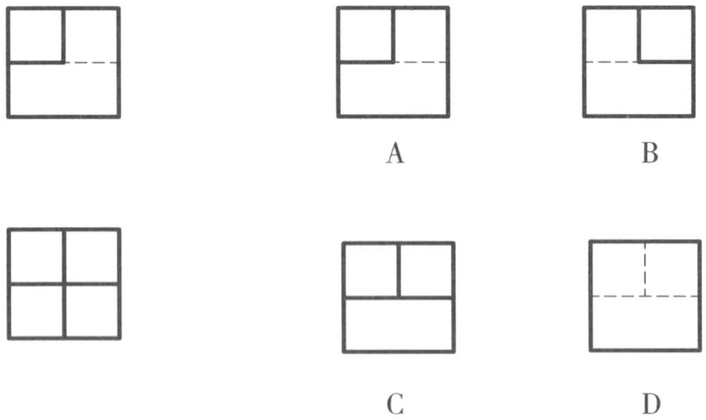

4.(　　　)

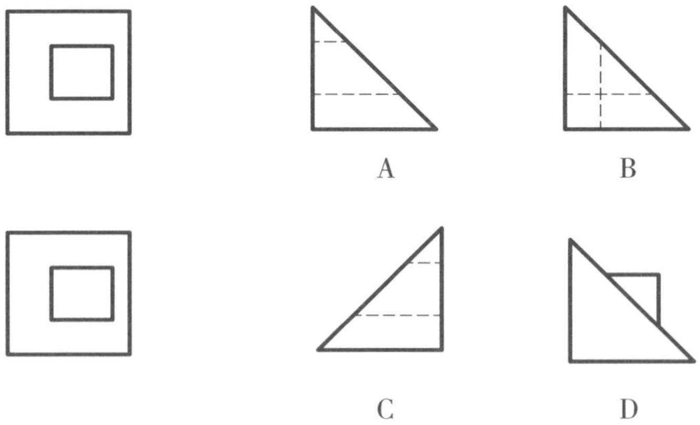

6.3.2　根据已知的主、俯视图，选择正确的左视图，将答案写在括号里(2)	班级		姓名		学号	

1.(　　　)

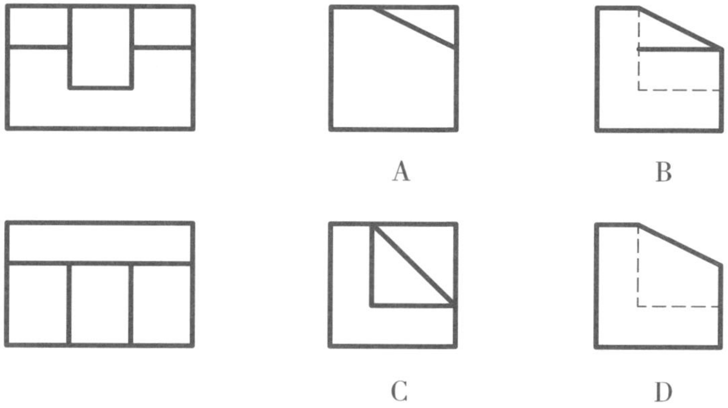

2.(　　　)

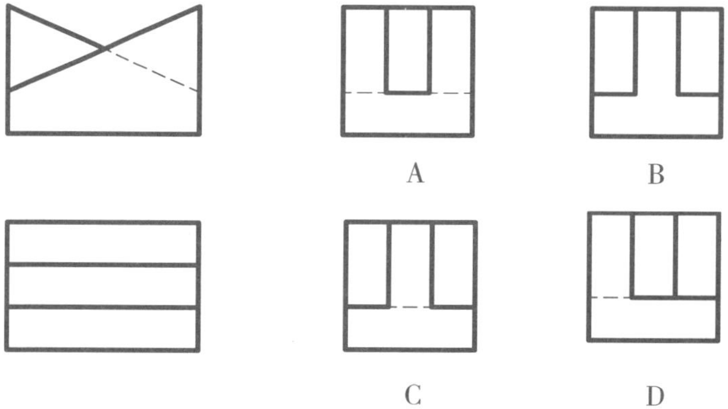

3.(　　　)

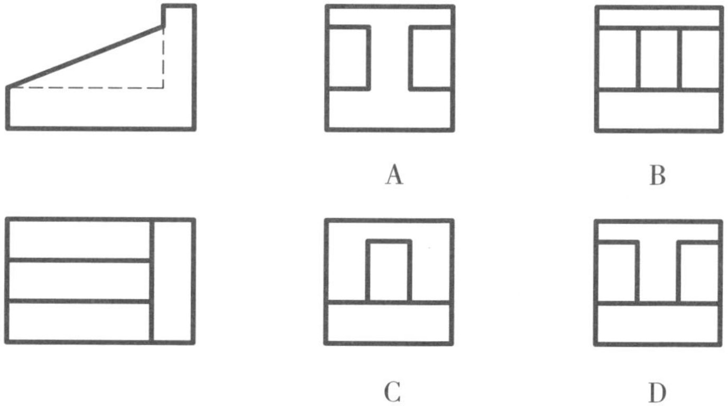

4.(　　　)

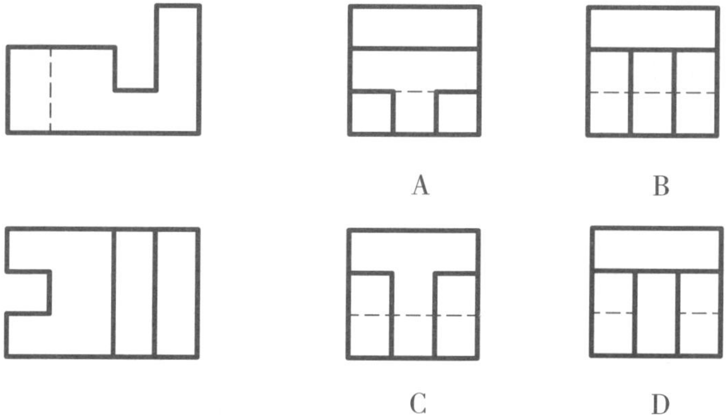

6.3.3 根据已知视图，并参考轴测图，补画视图中漏画的图线(1)	班级		姓名		学号	

1.

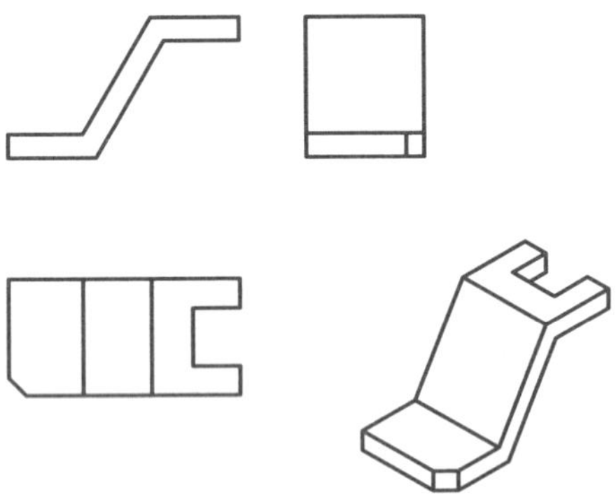

2.

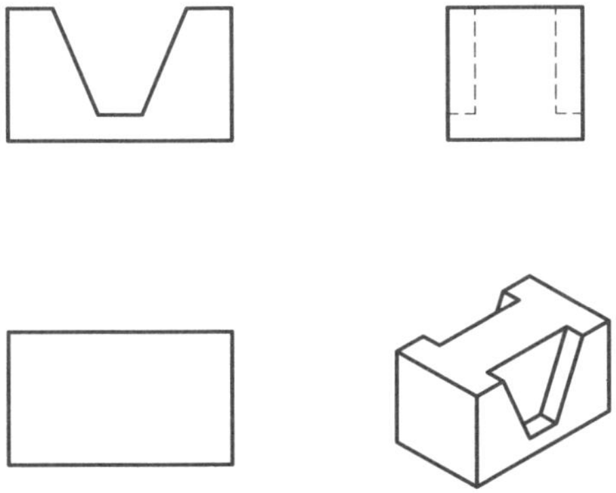

3.

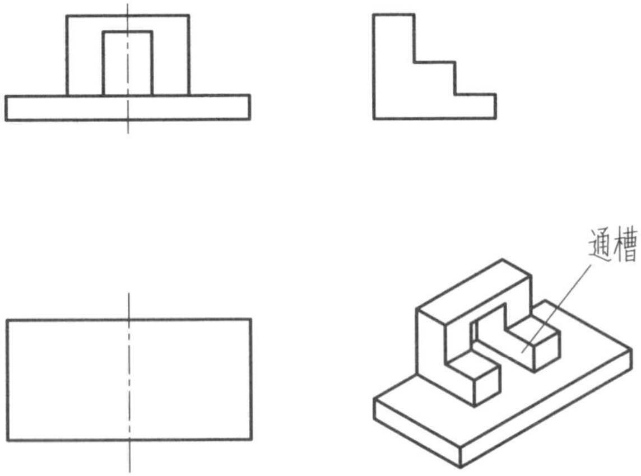

4.

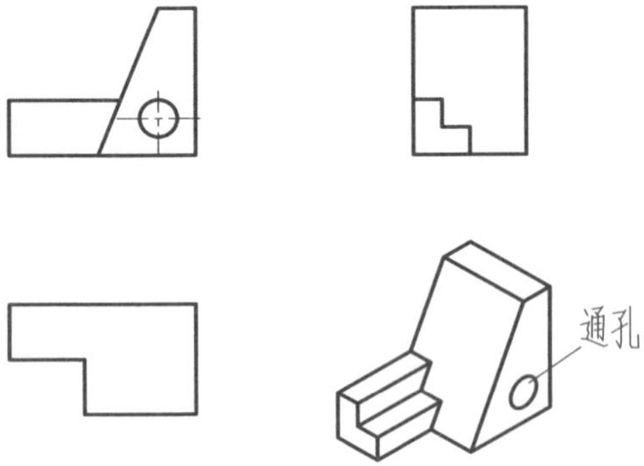

6.3.4　根据已知视图，并参考轴测图，补画视图中漏画的图线(2)	班级		姓名		学号	

1.

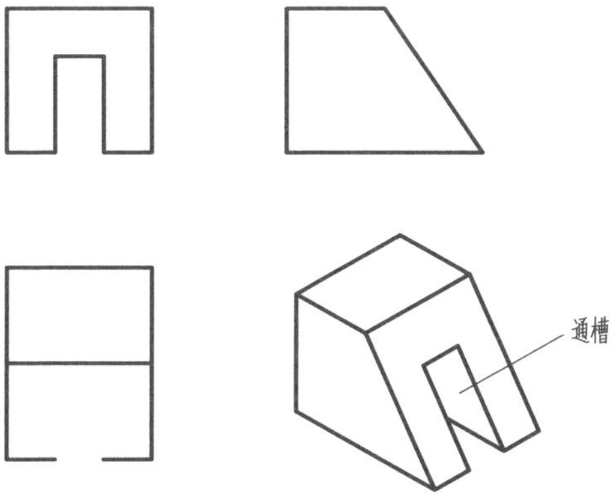

2.

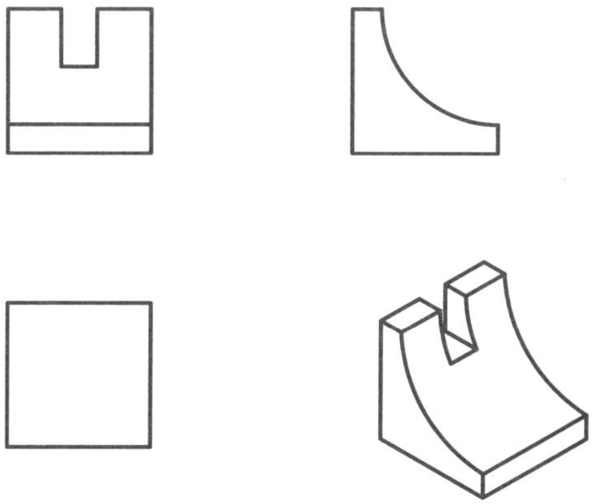

3.

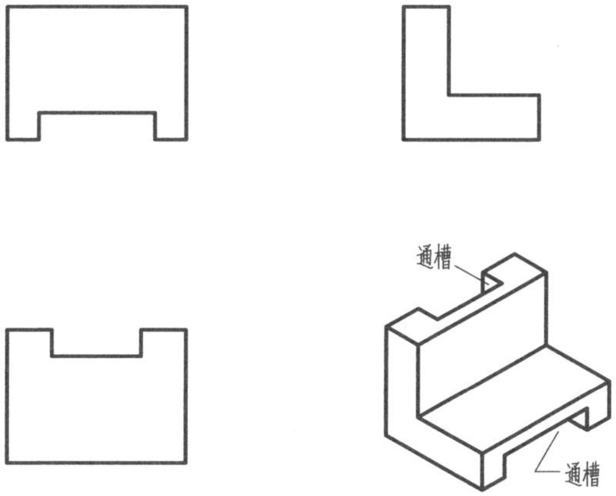

4.

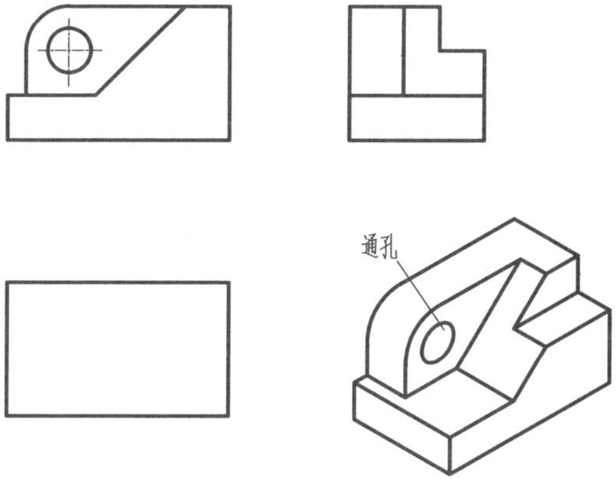

6.3.5 根据已知的两视图，补画第三视图(1)	班级		姓名		学号	

1.

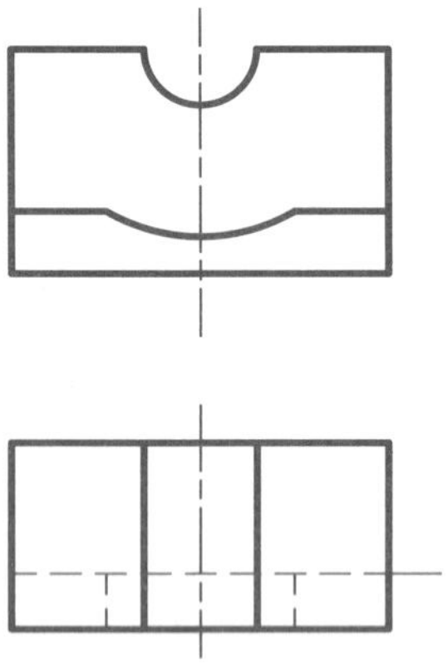

2.

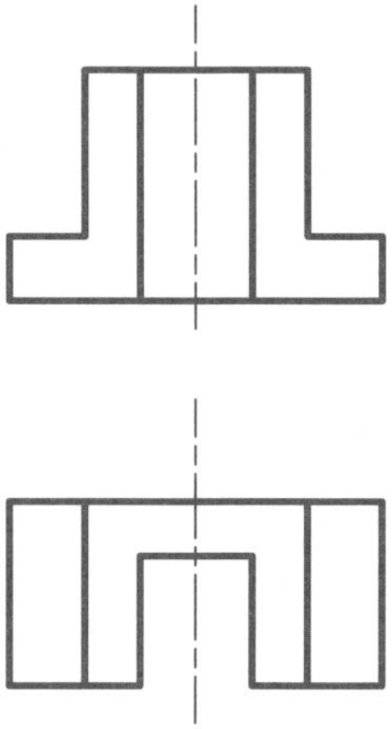

3.

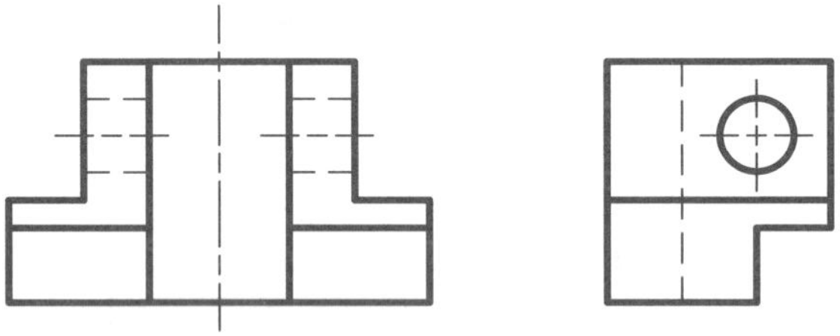

4.

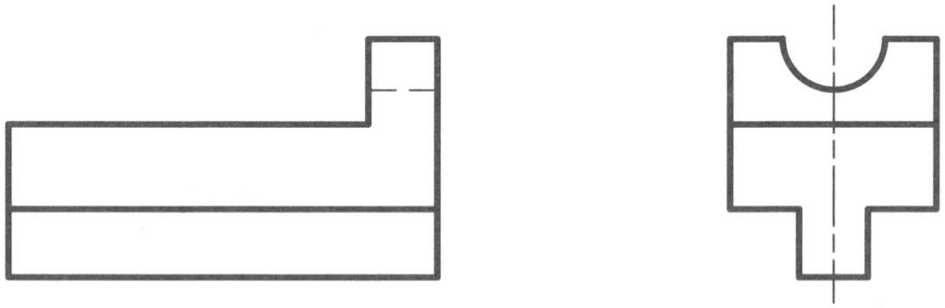

6.3.6　根据已知的两视图，补画第三视图(2)	班级		姓名		学号	

1.

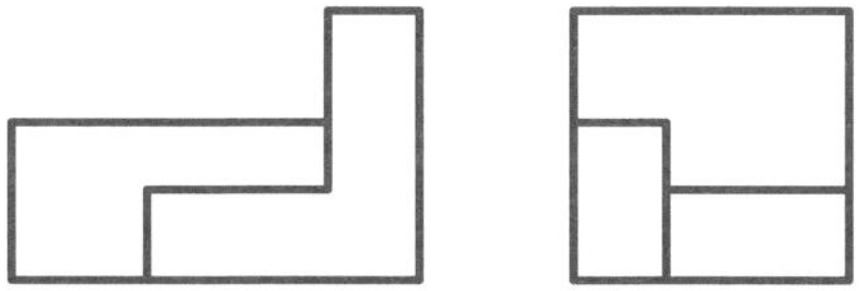

2.

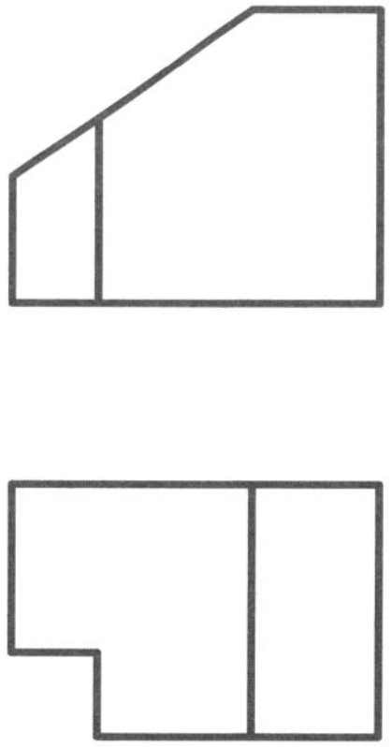

3.

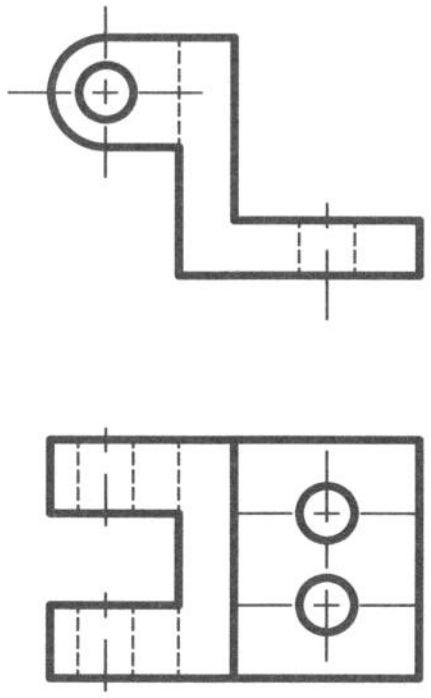

4.

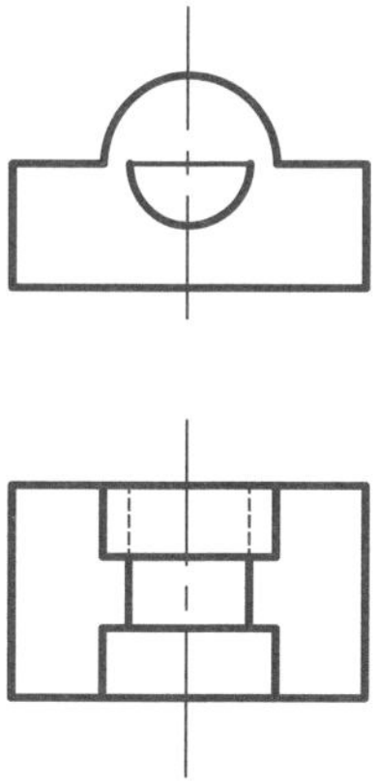

6.3.7 根据已知的两视图，补画第三视图(3)	班级		姓名		学号	

1.

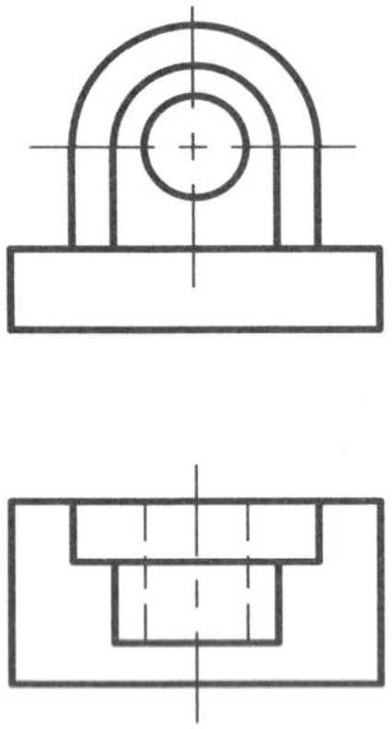

2.

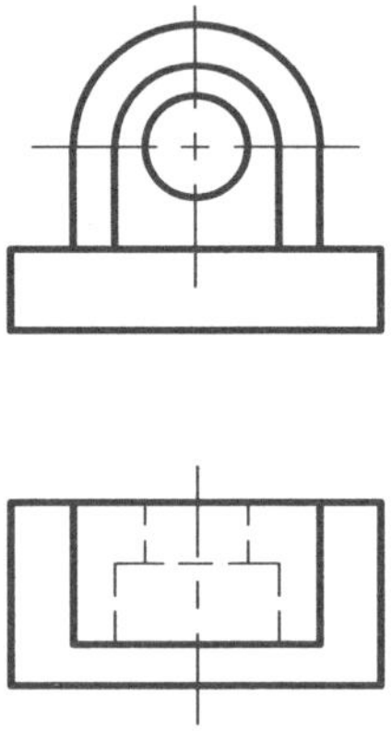

3.

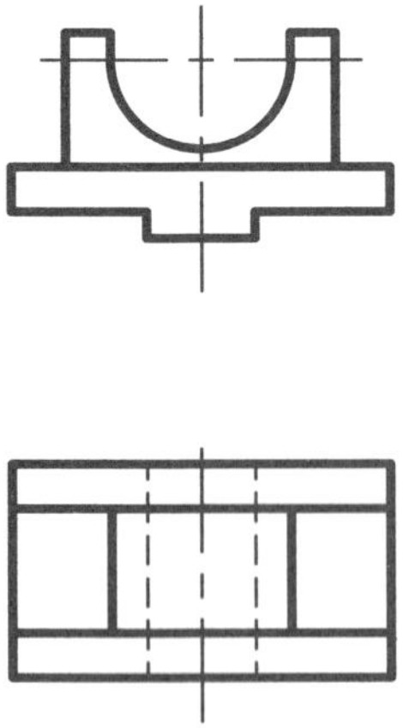

4.

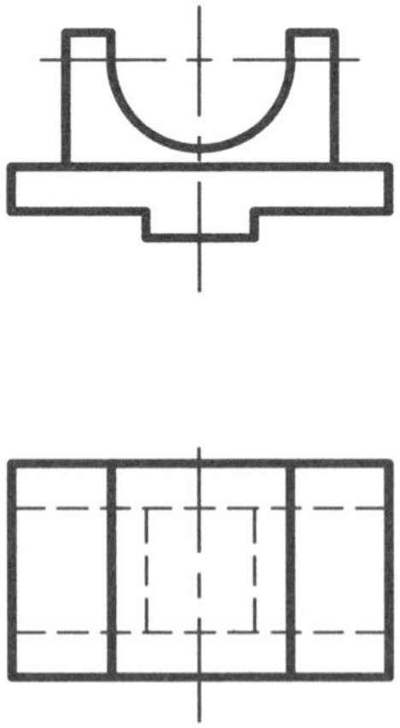

6.3.8　分析已知视图，补画第三视图	班级		姓名		学号	

1.

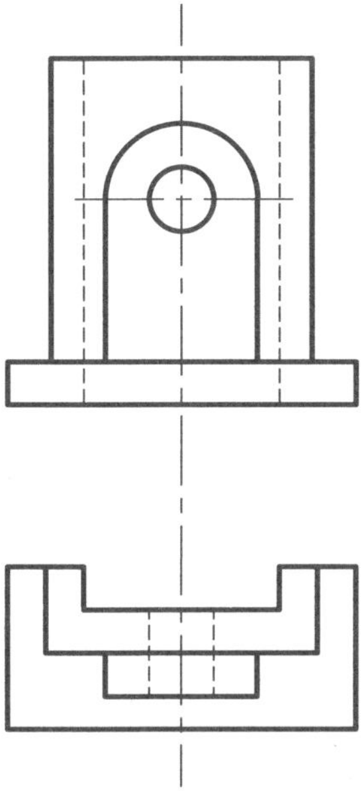

2.

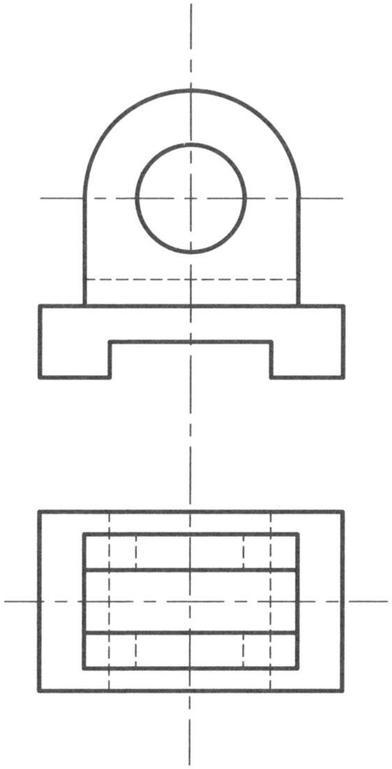

6.3.9 分析已知视图，补画视图中的漏线(1)	班级		姓名		学号	

1.

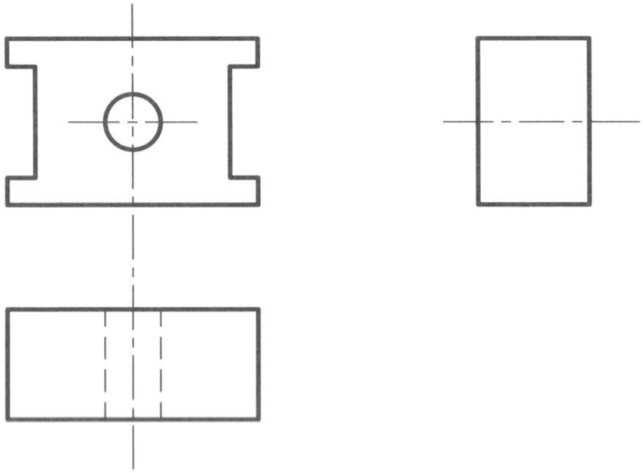

2.

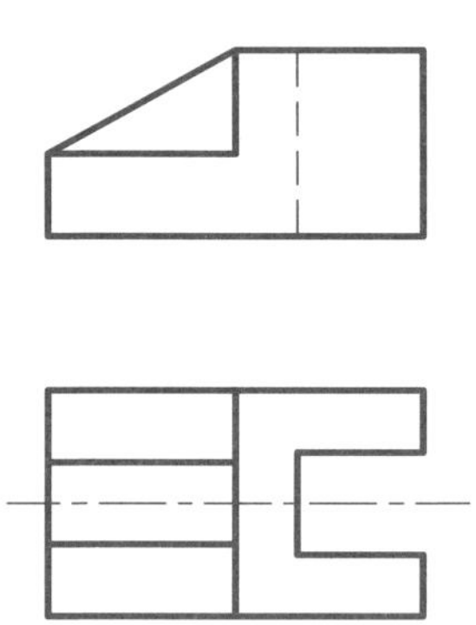

3.

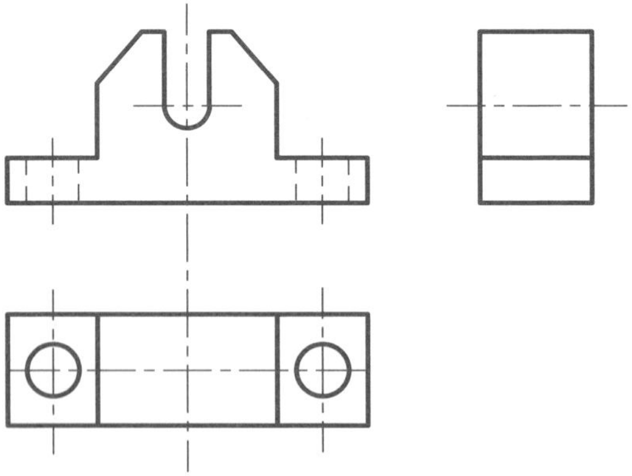

4.

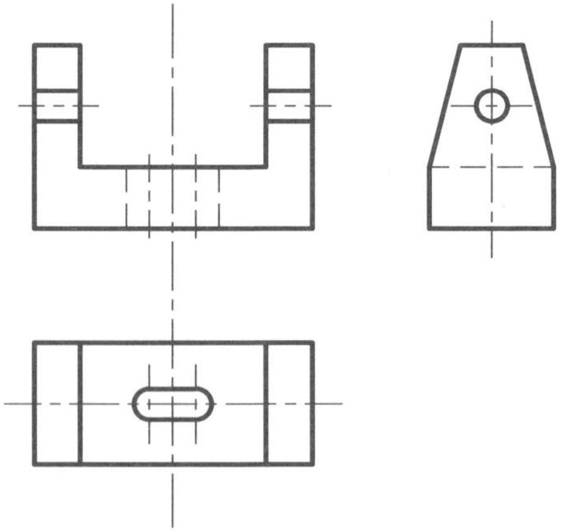

6.3.10　分析已知视图，补画视图中的漏线(2)	班级		姓名		学号	

1.

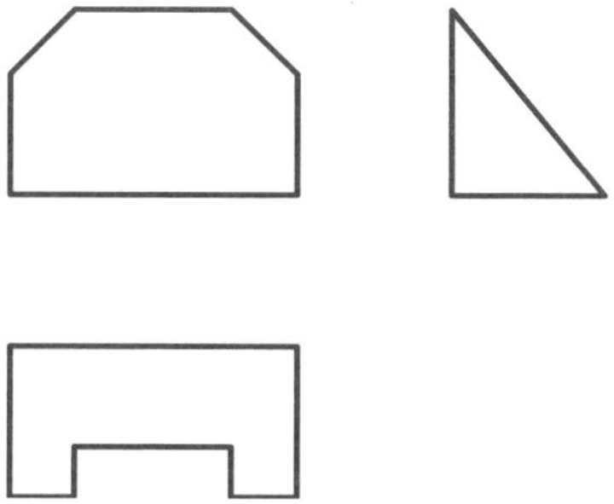

2.

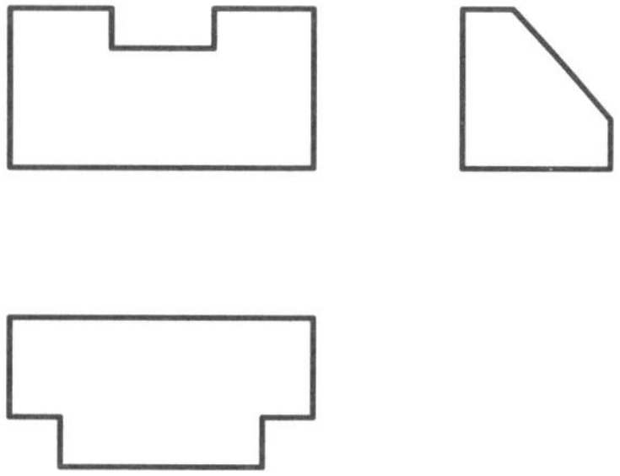

3.

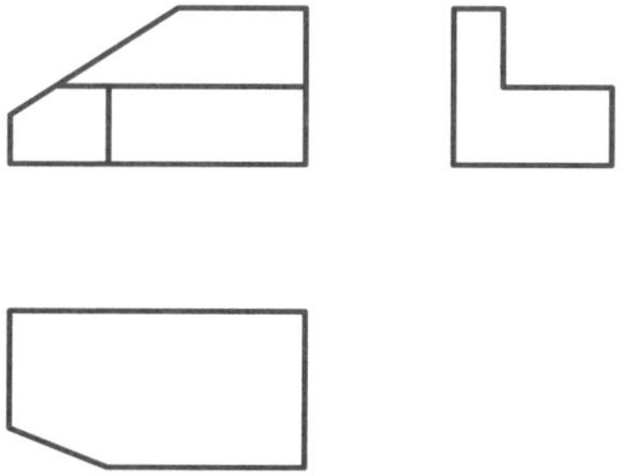

4.

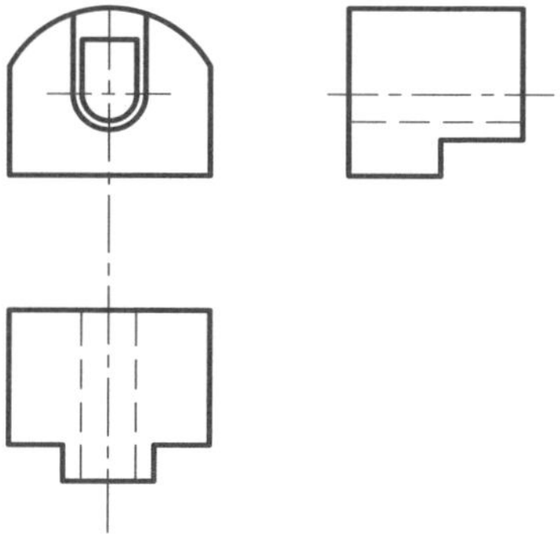

5.

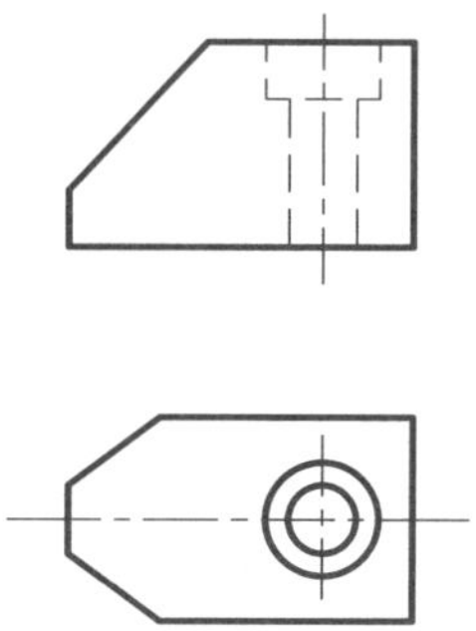

6.

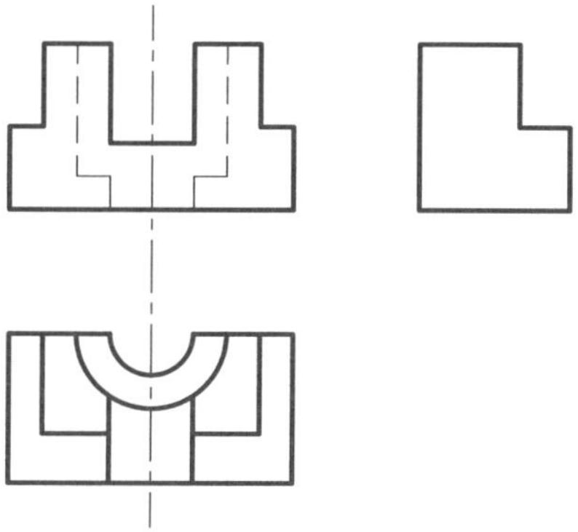

6.3.11 根据给定的两视图补画左视图(有多种答案，至少画出两个)	班级		姓名		学号	

1.

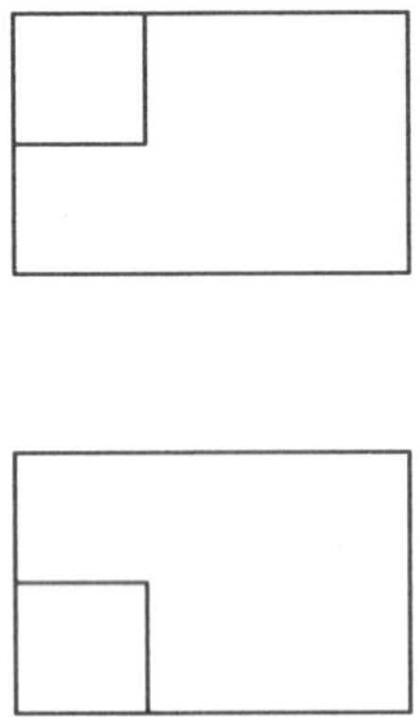

2.

3.

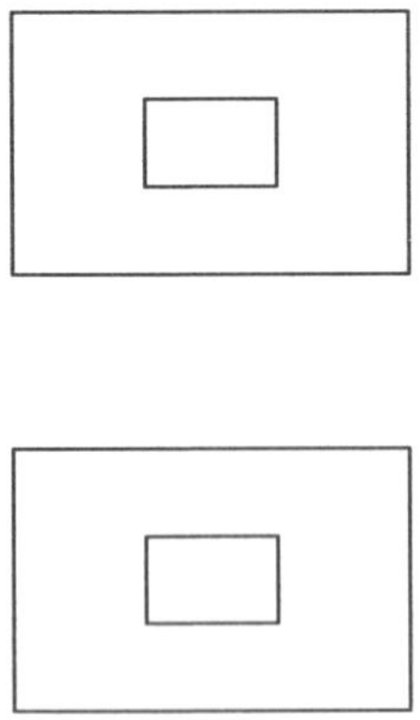

4.

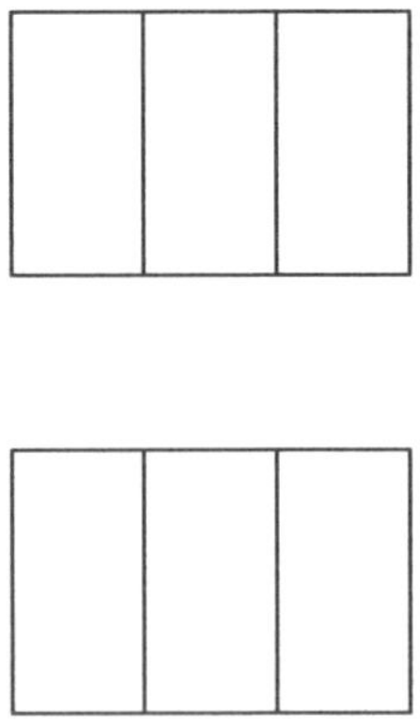

6.3.12　根据立体图选择合适的比例画其三视图，并标注尺寸(1)	班级		姓名		学号	

1.

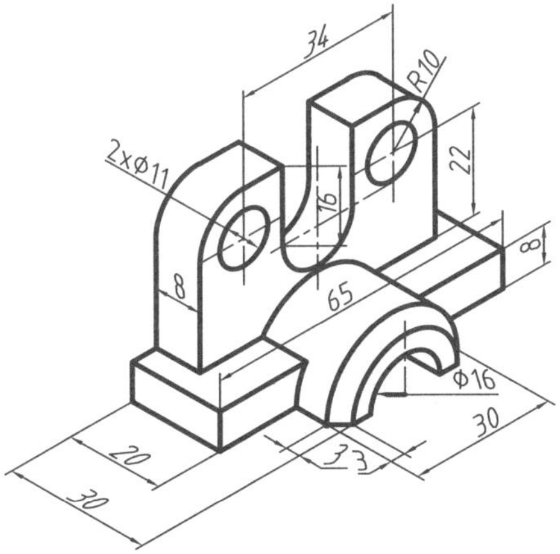

2.

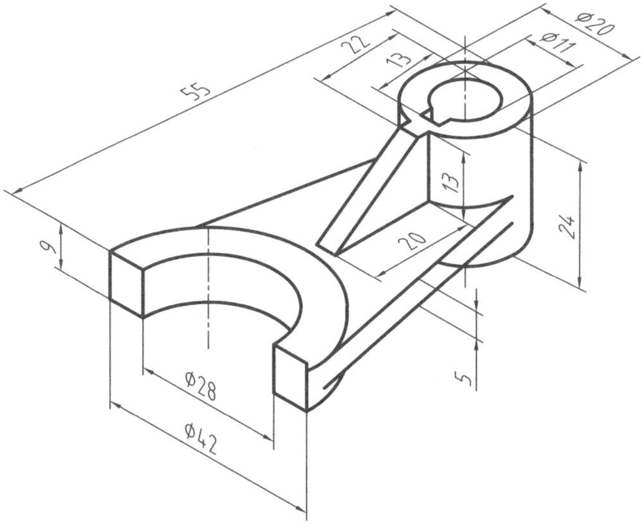

6.3.13 根据立体图选择合适的比例画其三视图，并标注尺寸(2)	班级		姓名		学号	

1.

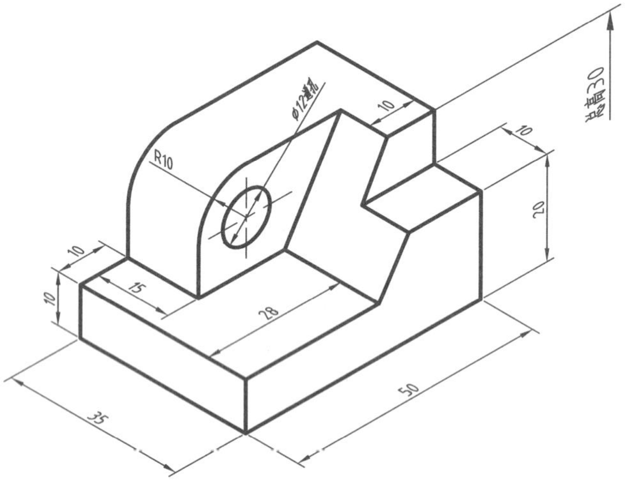

2.

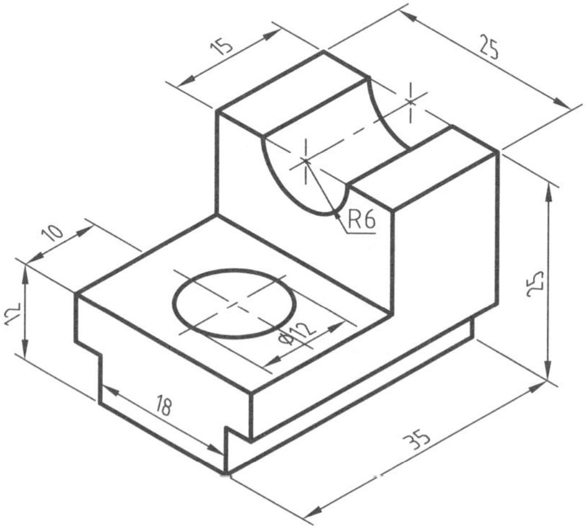

6.3.14　根据立体图选择合适的比例画其三视图，并标注尺寸(3)	班级		姓名		学号	

1.

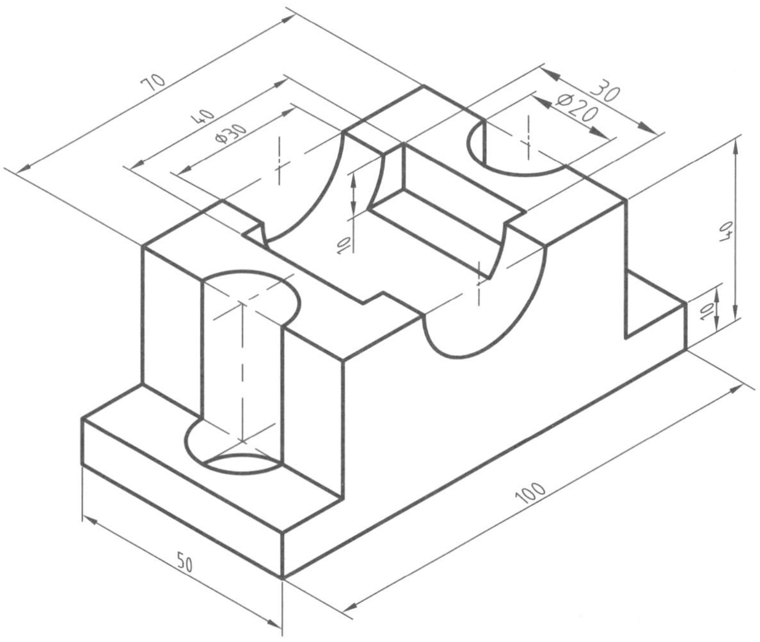

2.

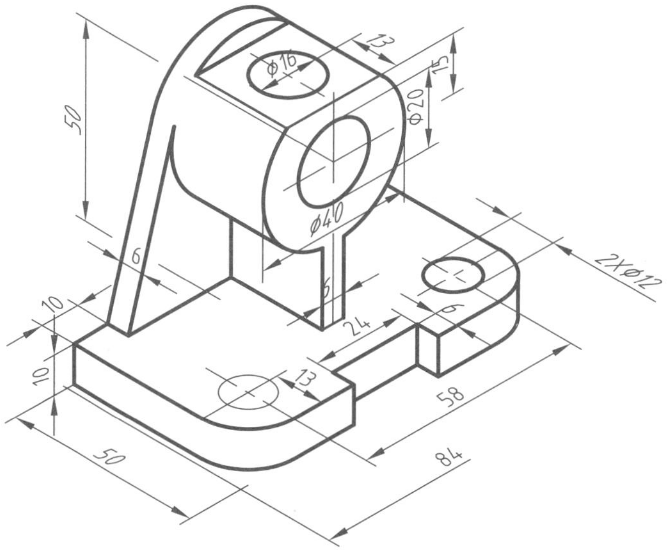

项目七

机件的表达

任务一　绘制机件的视图

7.1.1　根据机件的三个视图，补画其他三个视图(1)	班级		姓名		学号	

1.

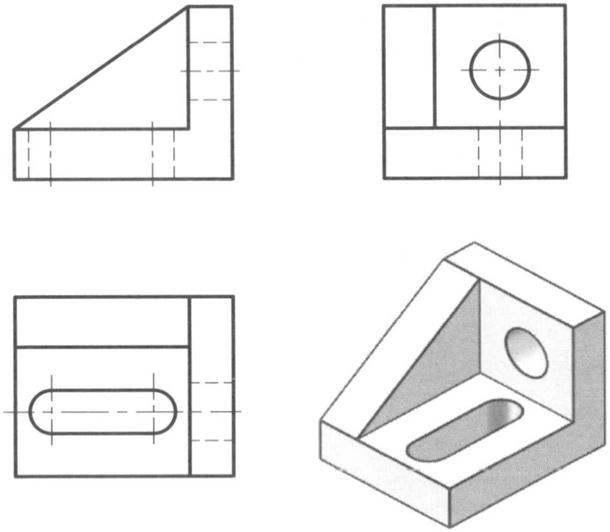

2.

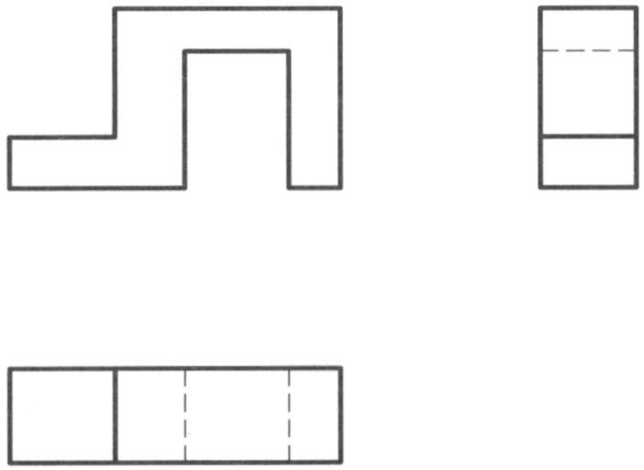

7.1.2　根据机件的三个视图，补画其他三个视图(2)	班级		姓名		学号	

根据三个基本视图，按箭头所指方向，绘制向视图

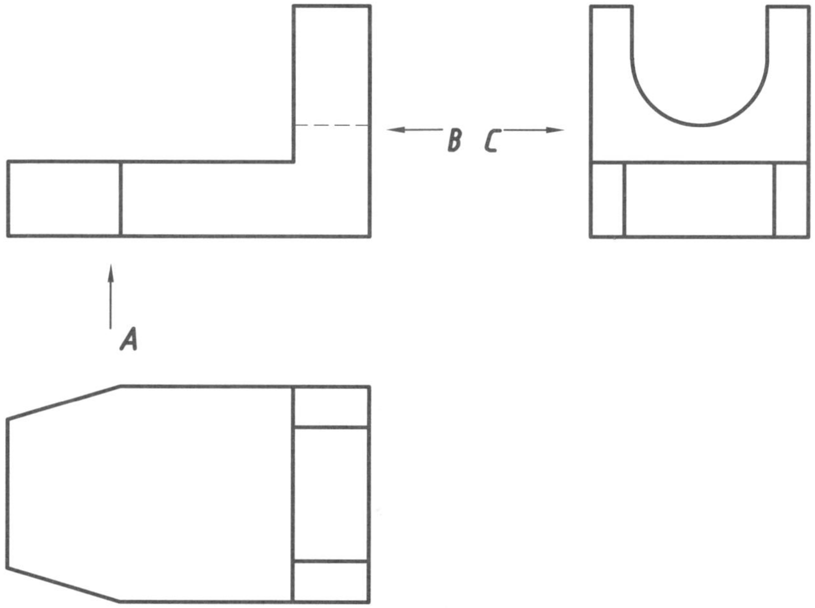

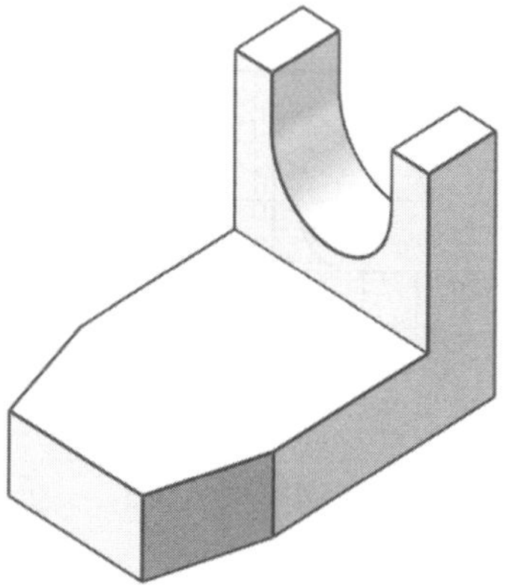

7.1.3　在指定位置作 *A* 向斜视图和 *B* 向斜视图(1)	班级		姓名		学号	

A:　　　　　　*B*:

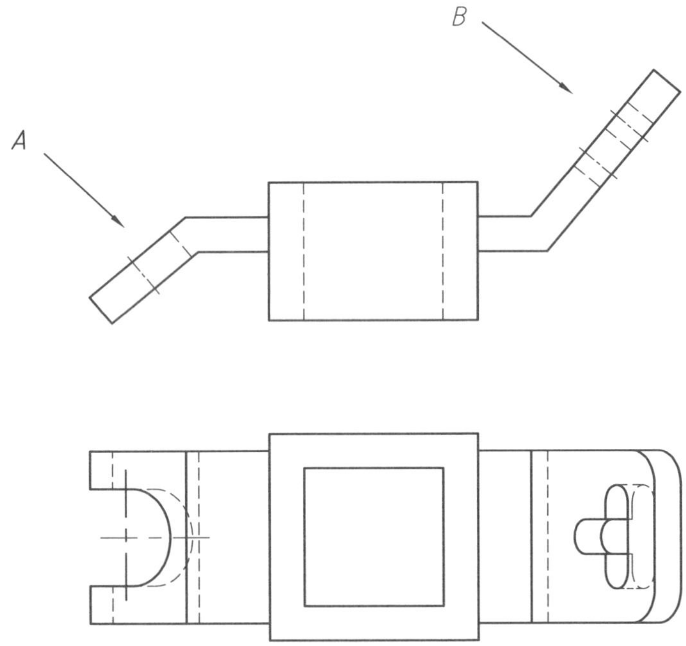

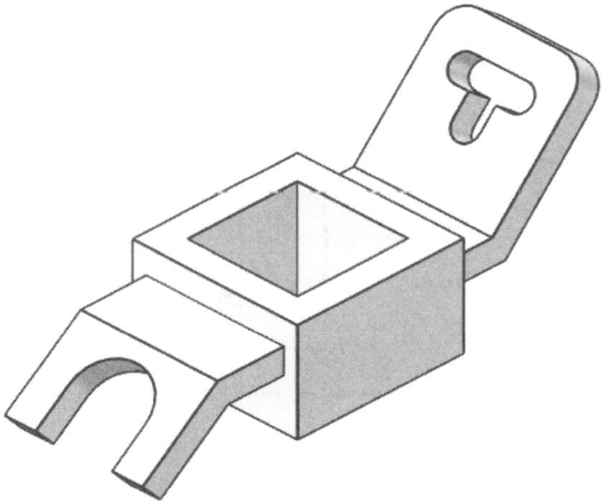

7.1.4　在指定位置作A向斜视图和B向斜视图(2)	班级		姓名		学号	

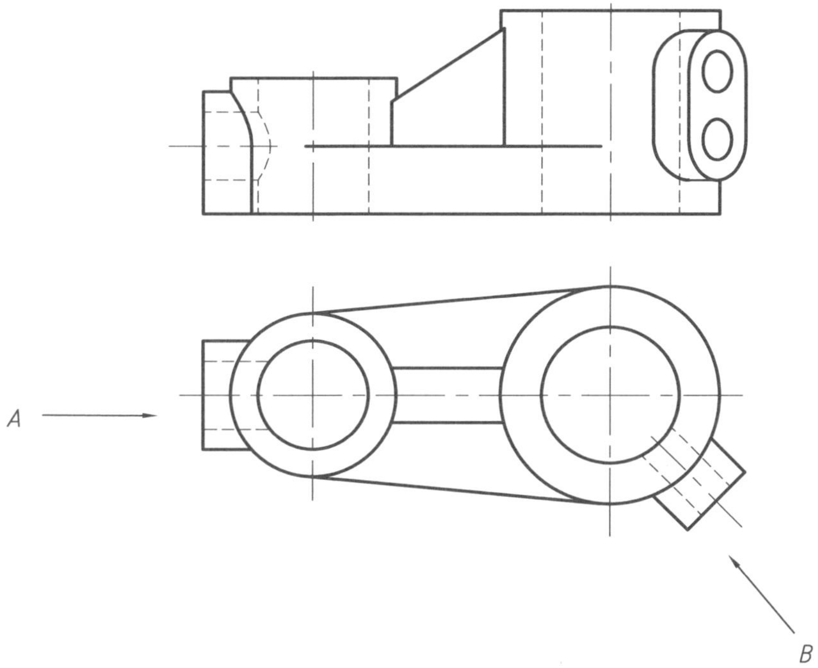

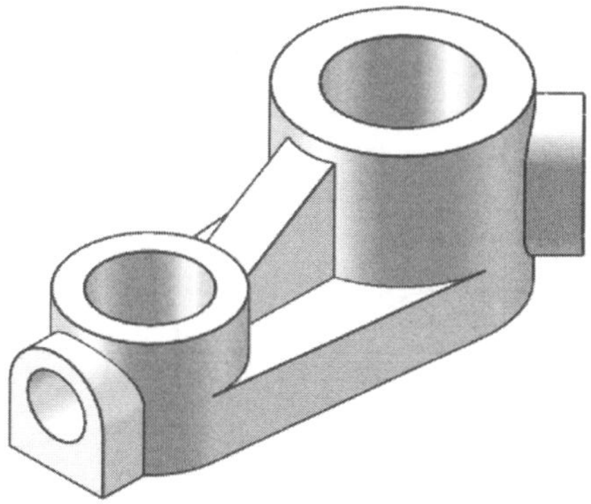

任务二　绘制机件剖视图

7.2.1　补画视图中所缺的线(1)	班级		姓名		学号	

1.

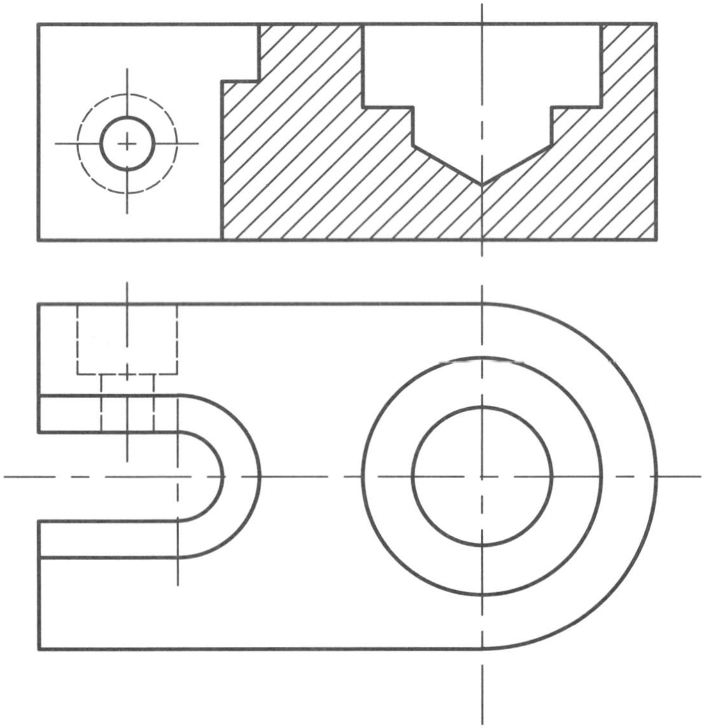

2.

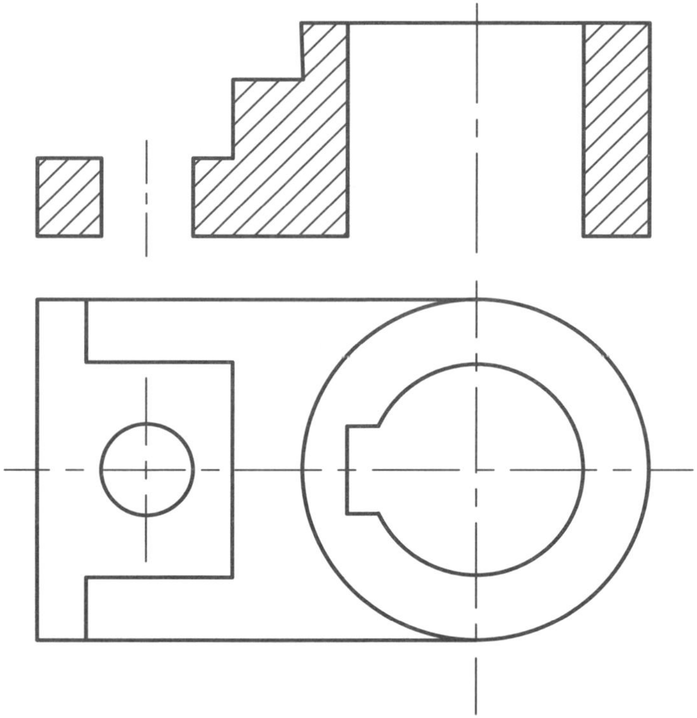

7.2.2　补画视图中所缺的线(2)	班级		姓名		学号	

1.

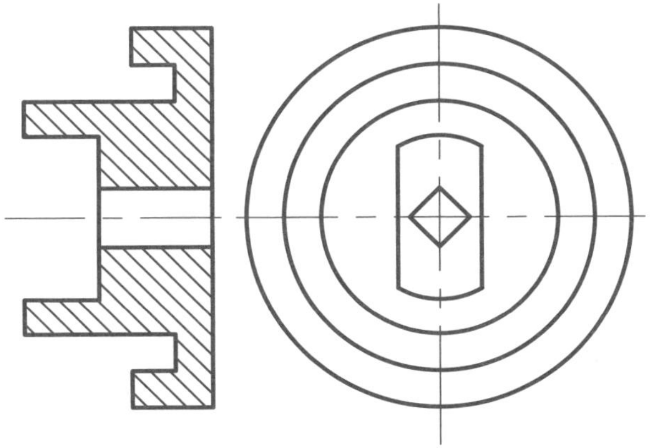

2.

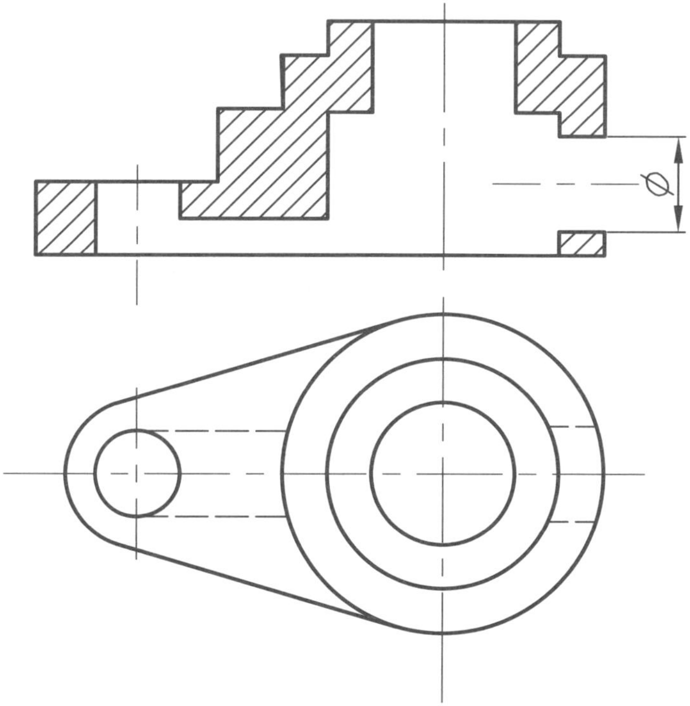

3.

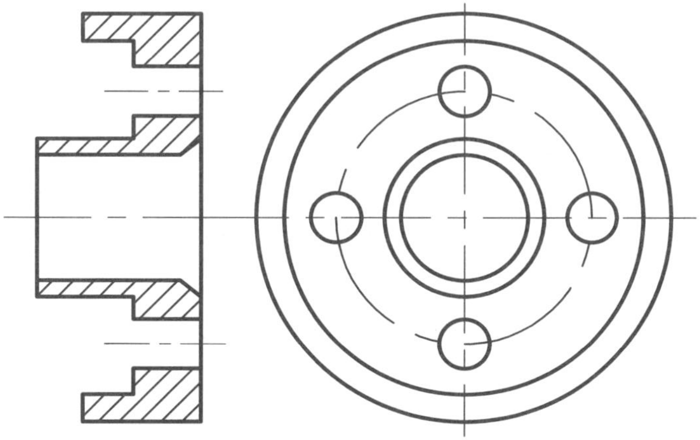

7.2.3　在指定位置将剖视图改成全剖视图(1)	班级		姓名		学号	

1.

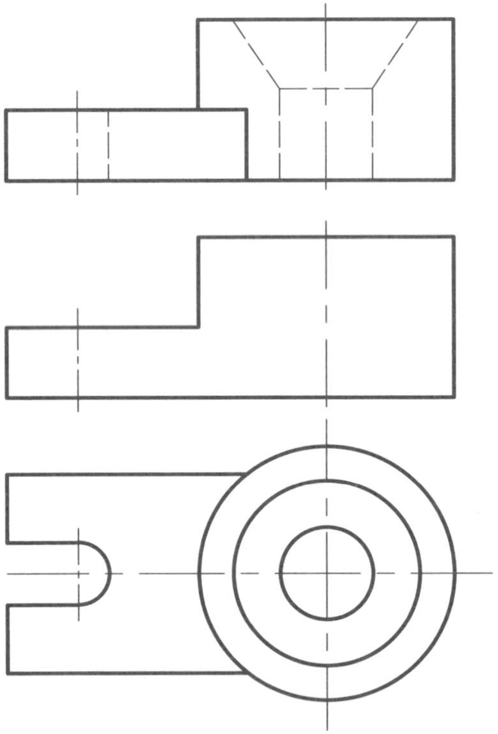

2.

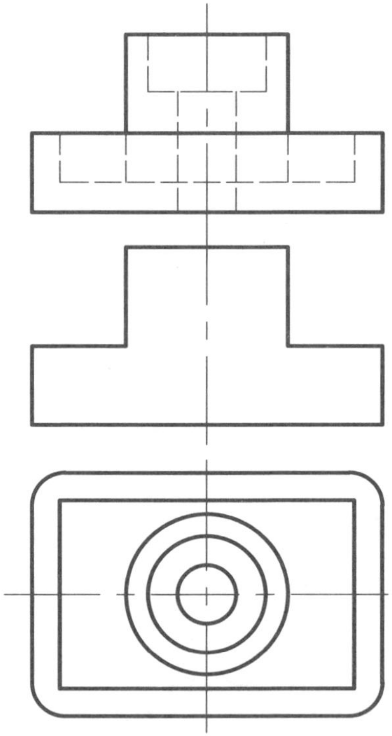

7.2.4 在指定位置将剖视图改成全剖视图(2)	班级		姓名		学号	

1.

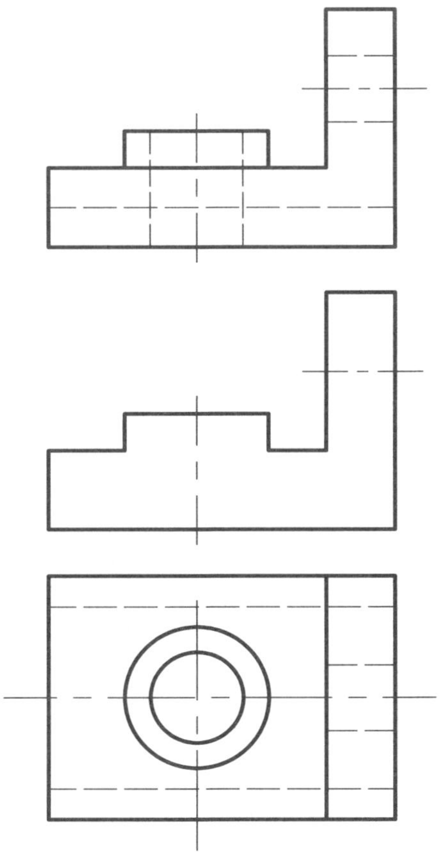

2.

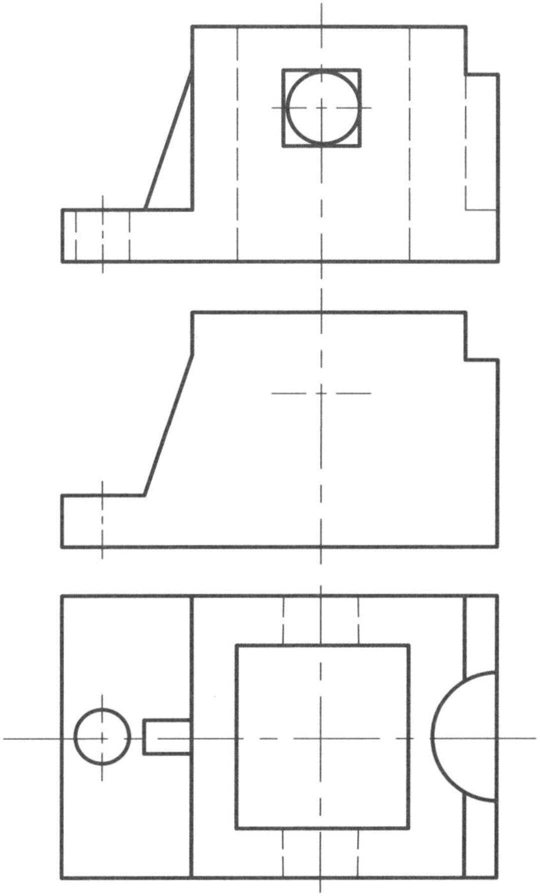

7.2.5　补画剖视图中所缺的线	班级		姓名		学号	

1.

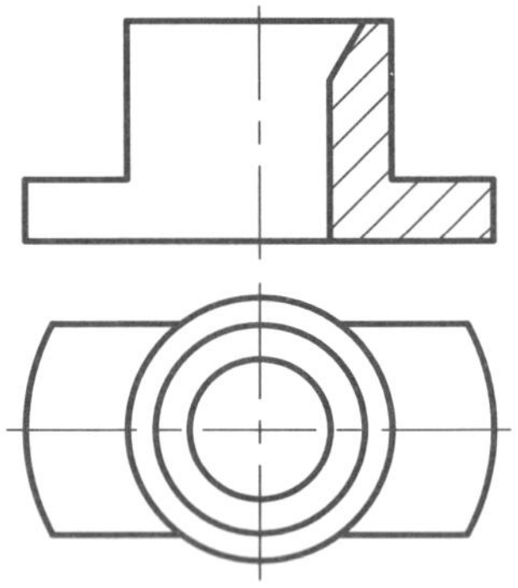

2.

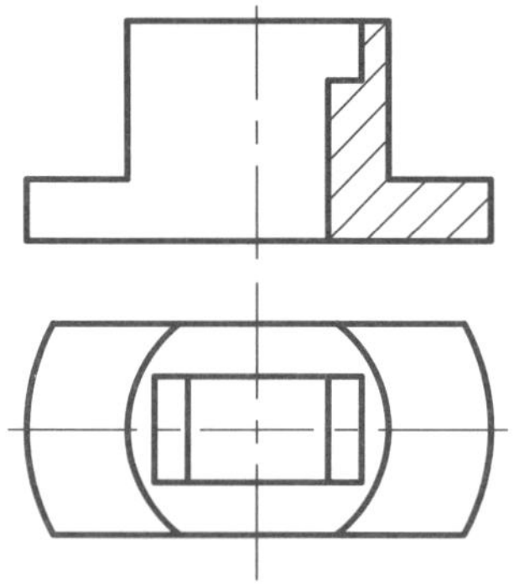

3.

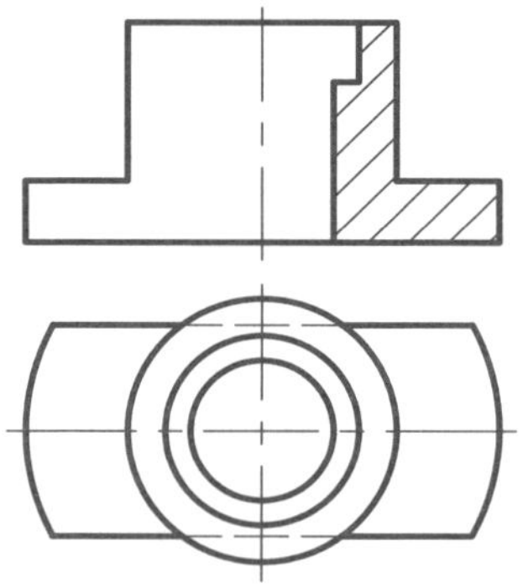

4.

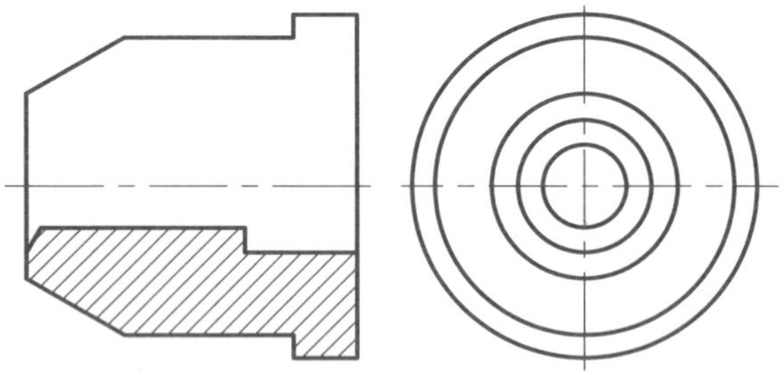

5.

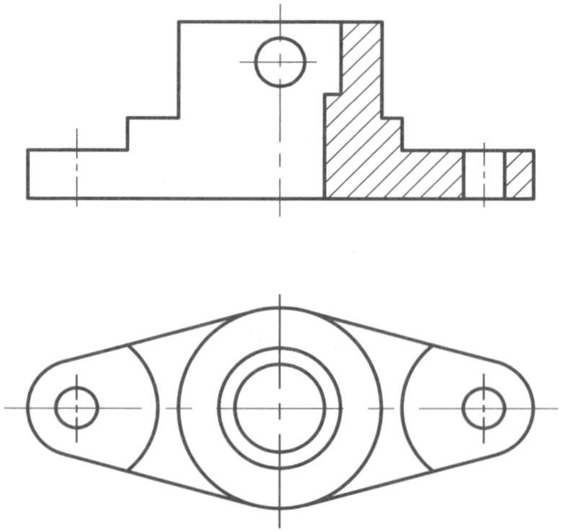

7.2.6　在指定位置将视图改成半剖视图	班级		姓名		学号	

1.

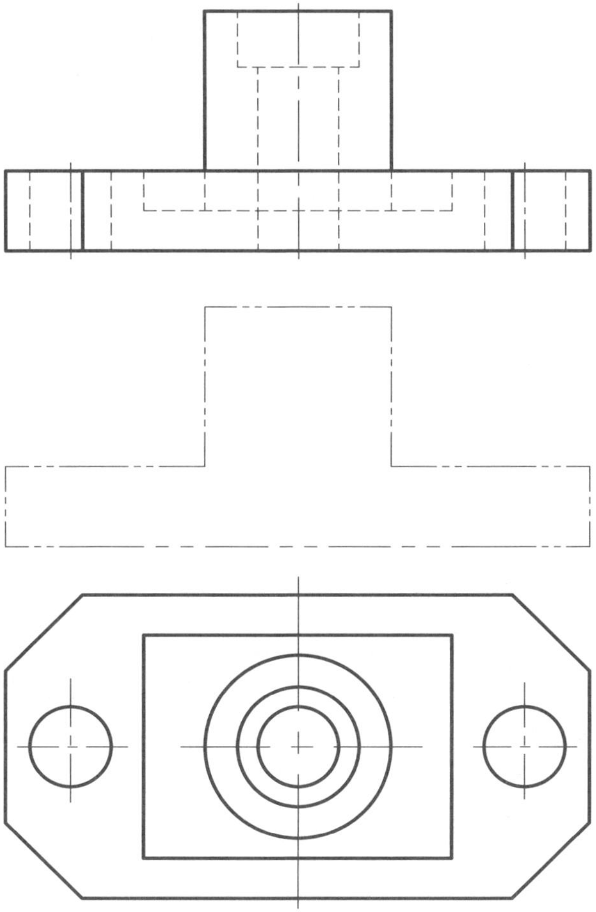

2.

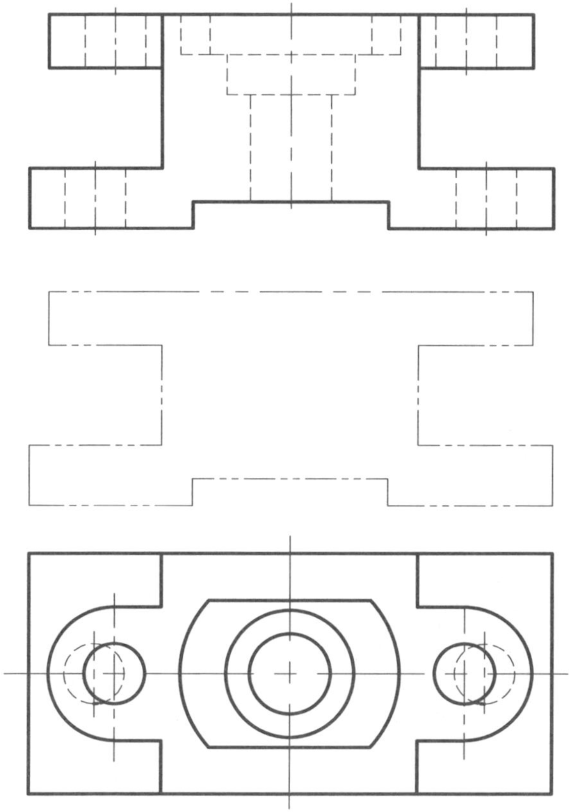

7.2.7 按要求绘制剖视图

班级		姓名		学号	

1.在指定位置画 C–C 全剖视图

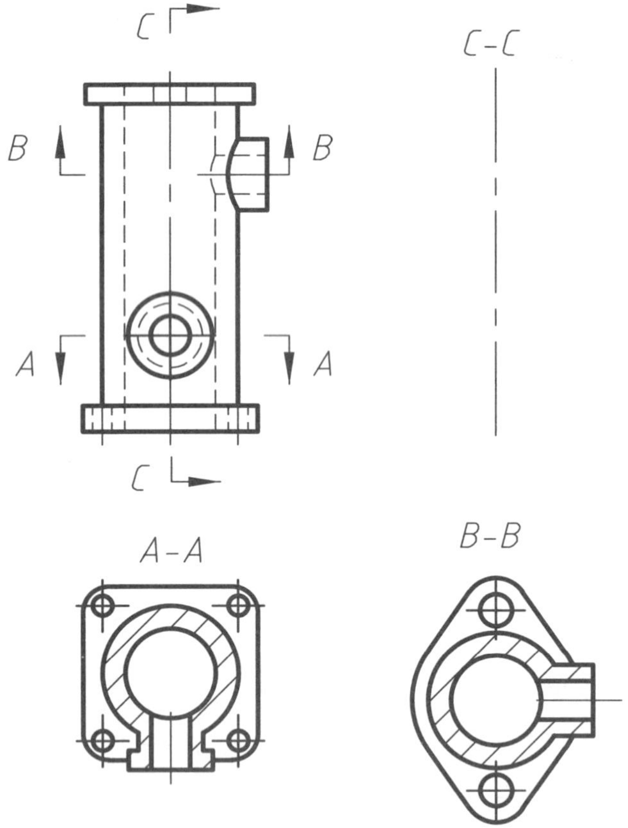

2.将主视图改画成半剖视图

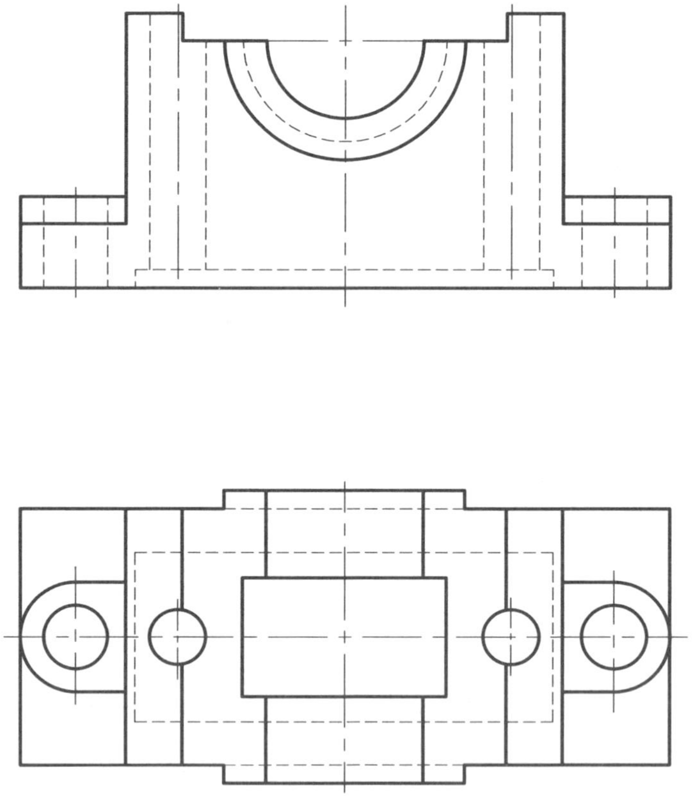

7.2.8　在指定位置将主视图改画成局部剖视图	班级		姓名		学号	

1.

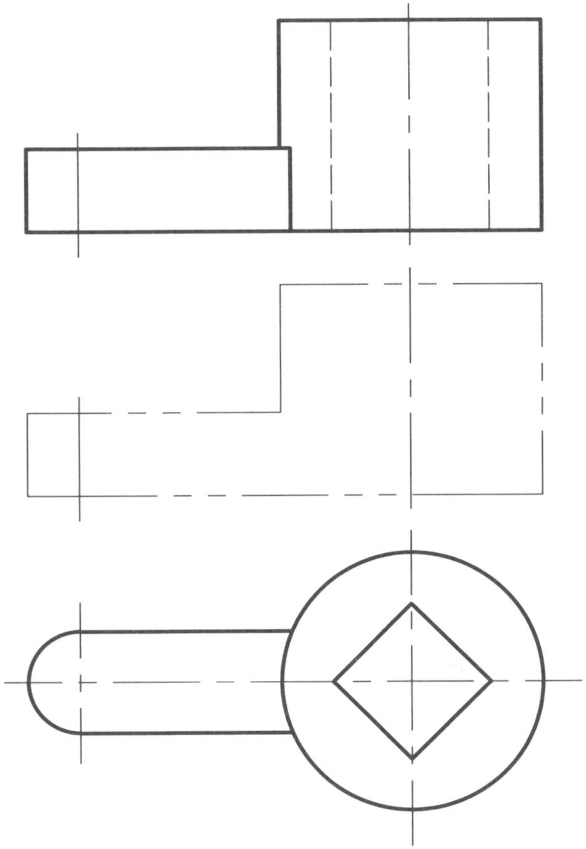

2.

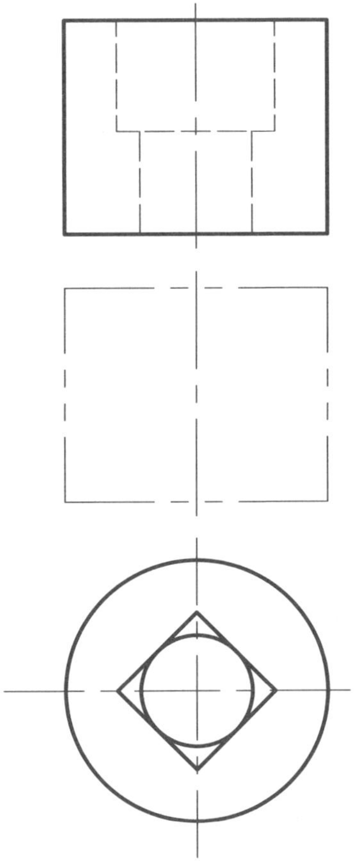

7.2.9 局部剖视图(1)	班级		姓名		学号	

1.将主、俯视图改画成局部剖视图。

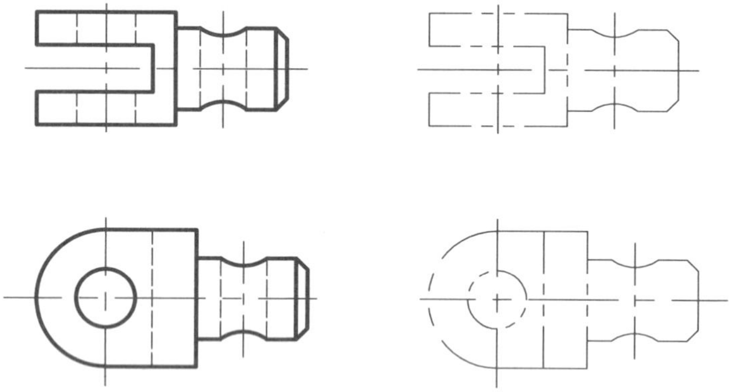

2.分析剖视图中的错误，在右边画出正确的剖视图。

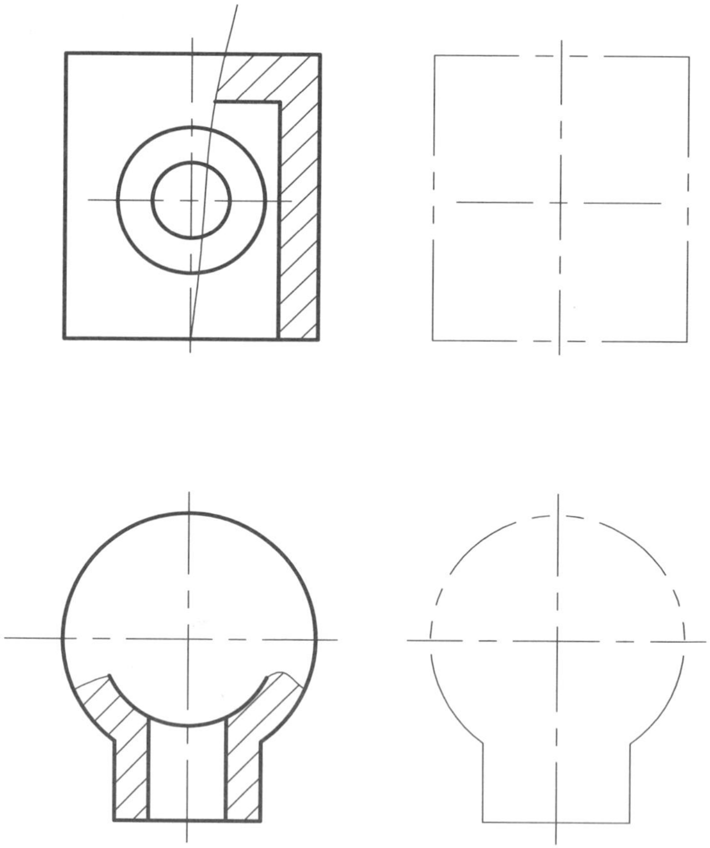

3.将主、俯视图改画成局部剖视图。

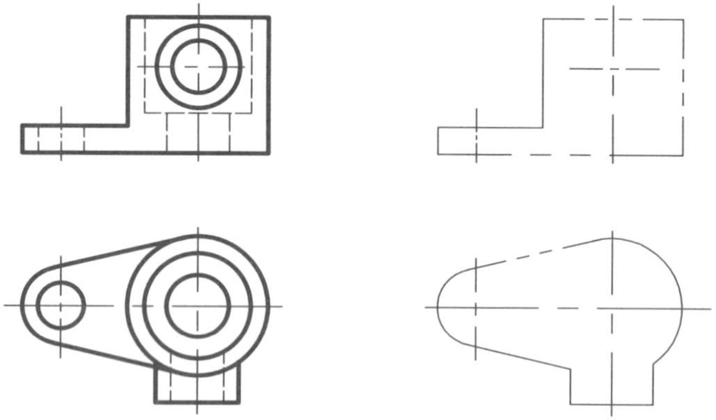

7.2.10　局部剖视图(2)	班级		姓名		学号	

1.判断下面两视图是否正确。

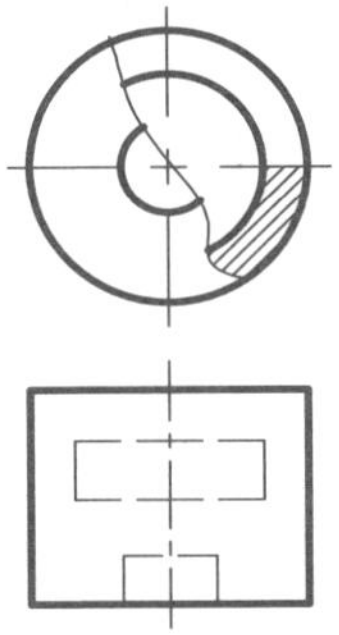
A

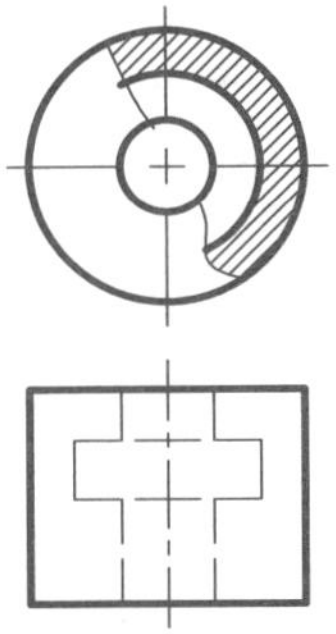
B

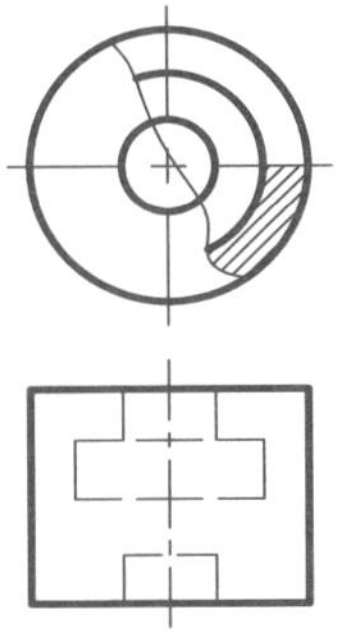
C

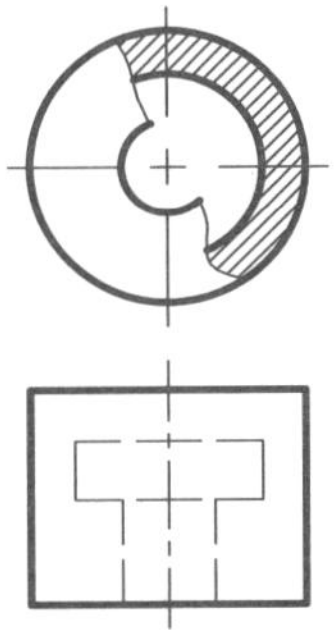
D

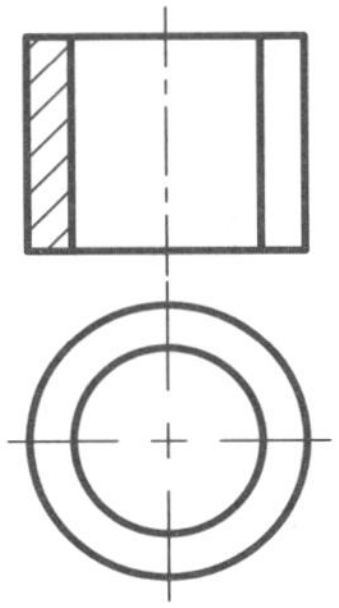
E

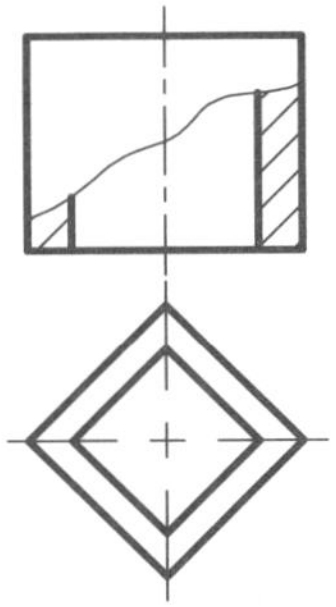
F

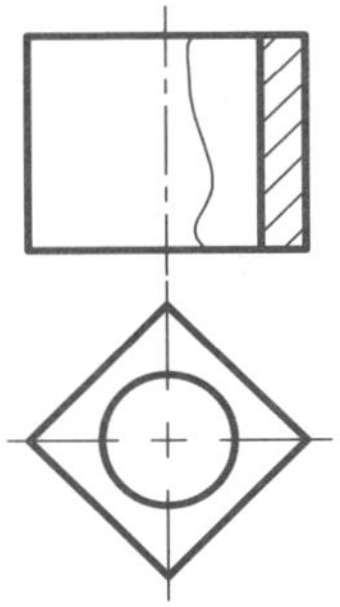
G

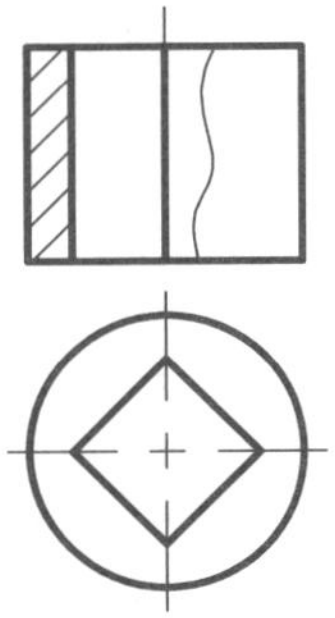
H

2.分析剖视图中的错误，在右边画出正确的剖视图。

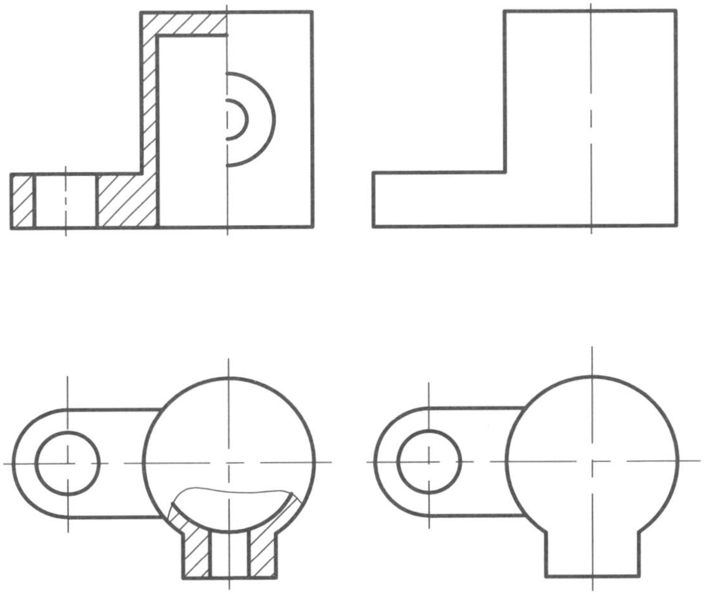

7.2.11　在指定位置将视图改画成阶梯剖	班级		姓名		学号	

1.

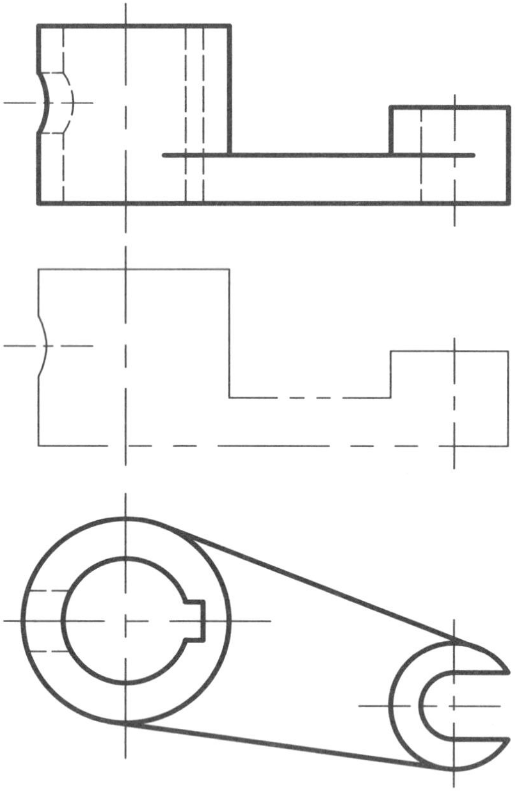

2.

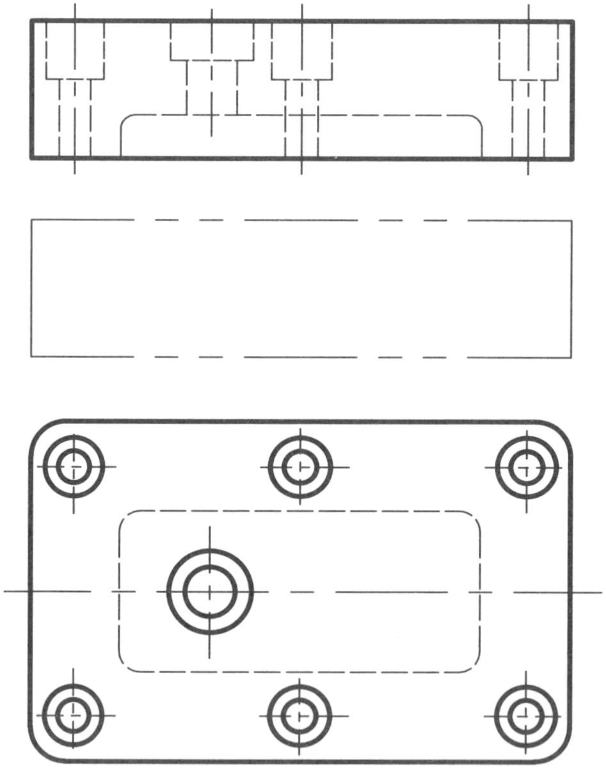

7.2.12 按要求画相应剖视图(1)	班级		姓名		学号	

1. 在指定位置将视图改成旋转剖。

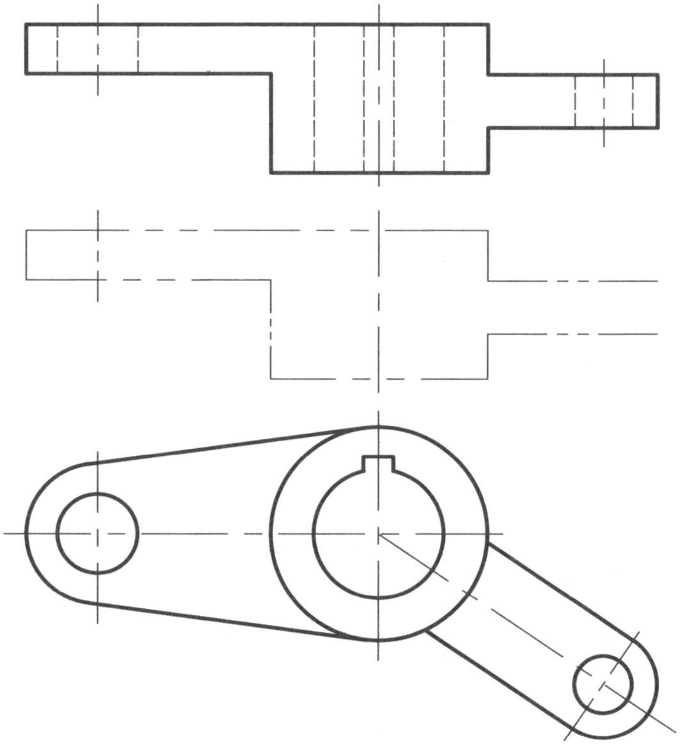

2. 分析剖视图中的错误，在右边画出正确的剖视图。

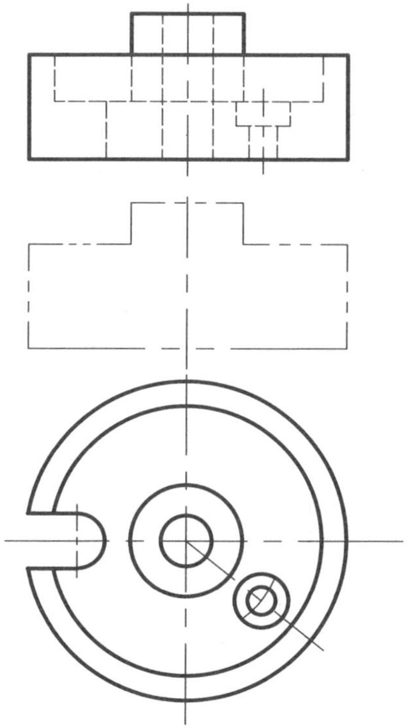

7.2.13 按要求画相应剖视图(2)	班级		姓名		学号	

1. 在指定位置将视图改成阶梯剖。

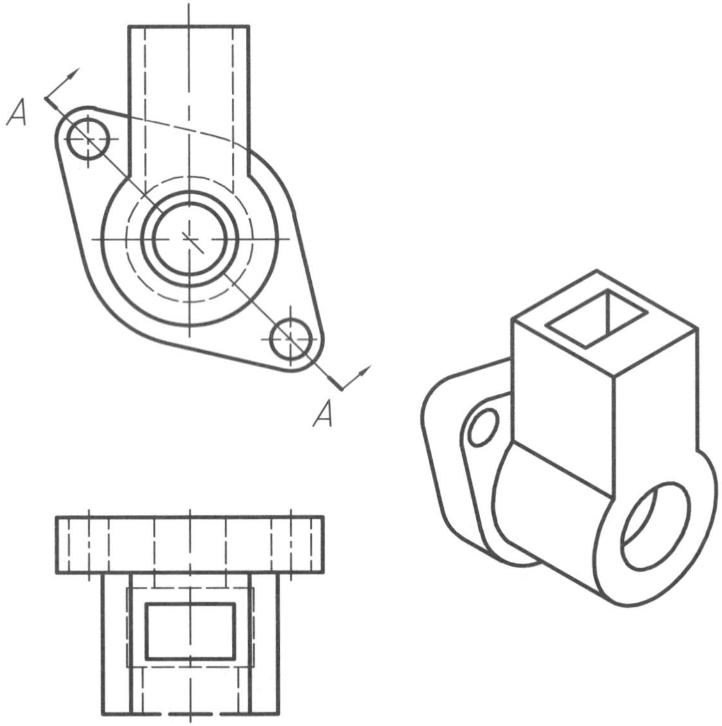

2. 分析剖视图中的错误，在右边画出正确的剖视图。

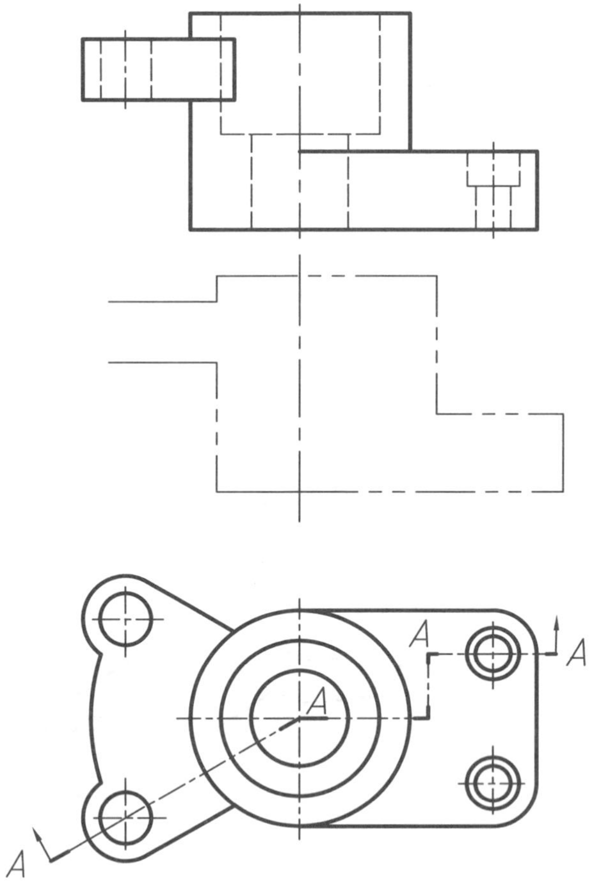

任务三 绘制机件断面图

7.3.1 分析剖视图中的错误，在下边画出正确的剖视图	班级		姓名		学号	

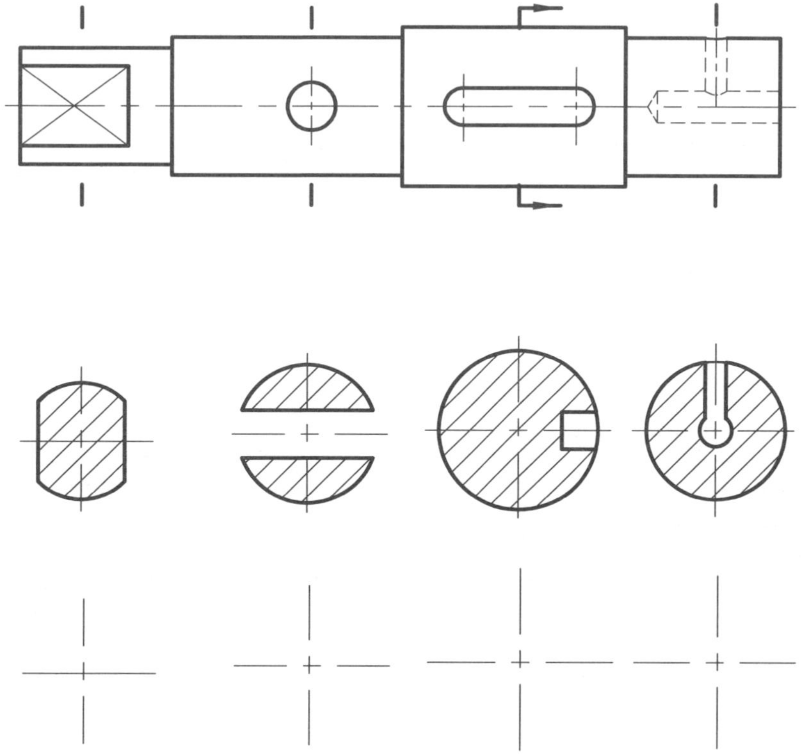

7.3.2　在指定位置画出断面图	班级		姓名		学号	

1.在主视图上画出十字肋的重合断面图。

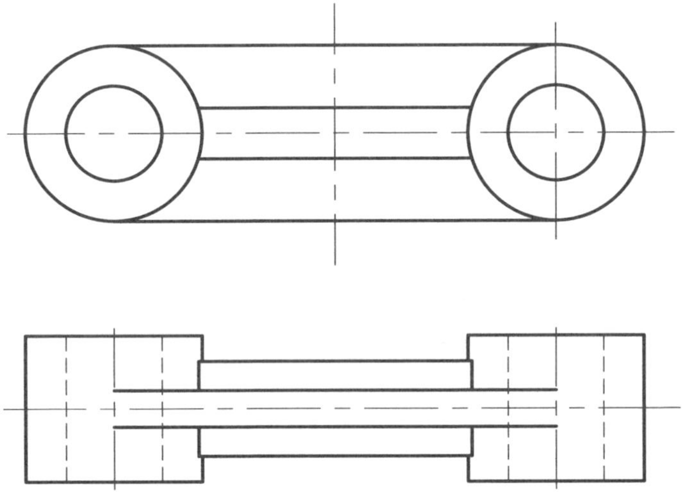

2.按给定的剖切位置画出移出断面图。

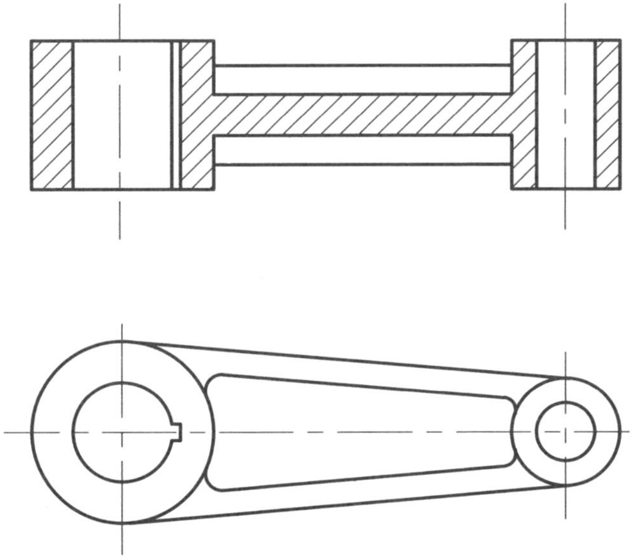

任务四 学习局部放大图和简化画法

7.4.1 改画剖视图	班级		姓名		学号	

1. 在指定位置将机件的主视图改画成剖视图。

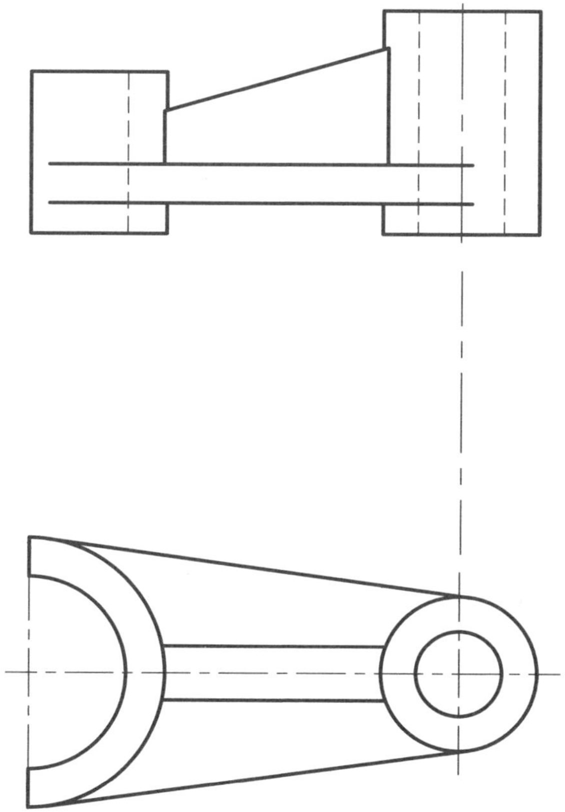

2.

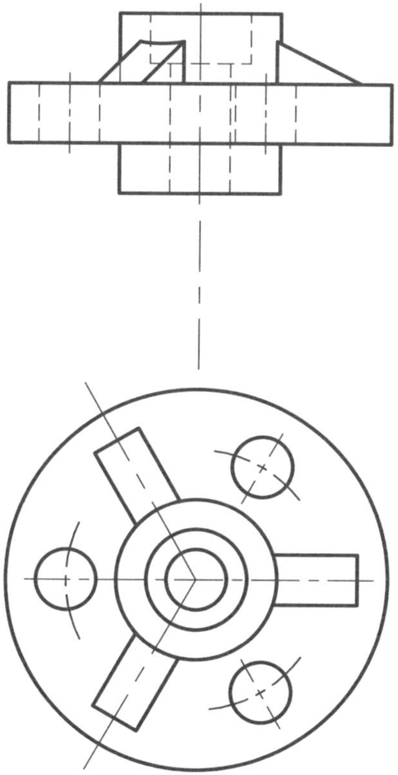

7.4.2 选择合适的方法综合表达机件(1)	班级		姓名		学号	

选择适当的比例在A4图纸上画出机件剖视图。

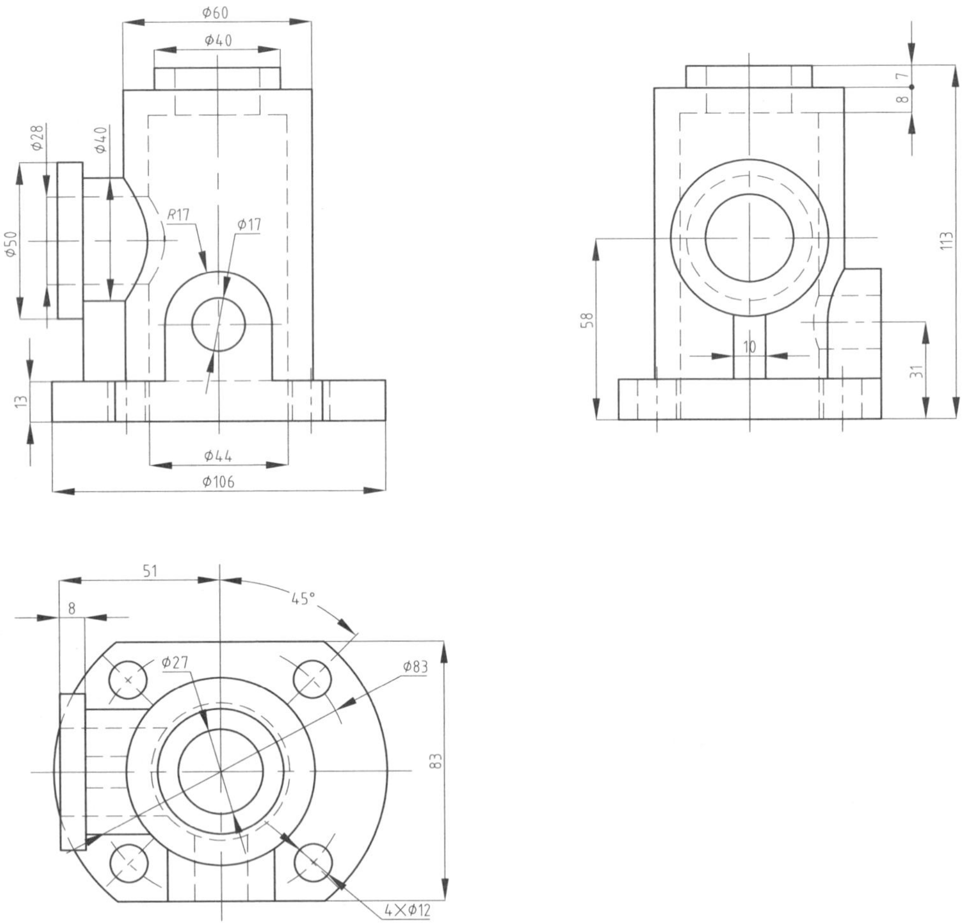

7.4.3　选择合适的方法综合表达机件(2)	班级		姓名		学号	

选择适当的比例在A4图纸上画出机件剖视图。

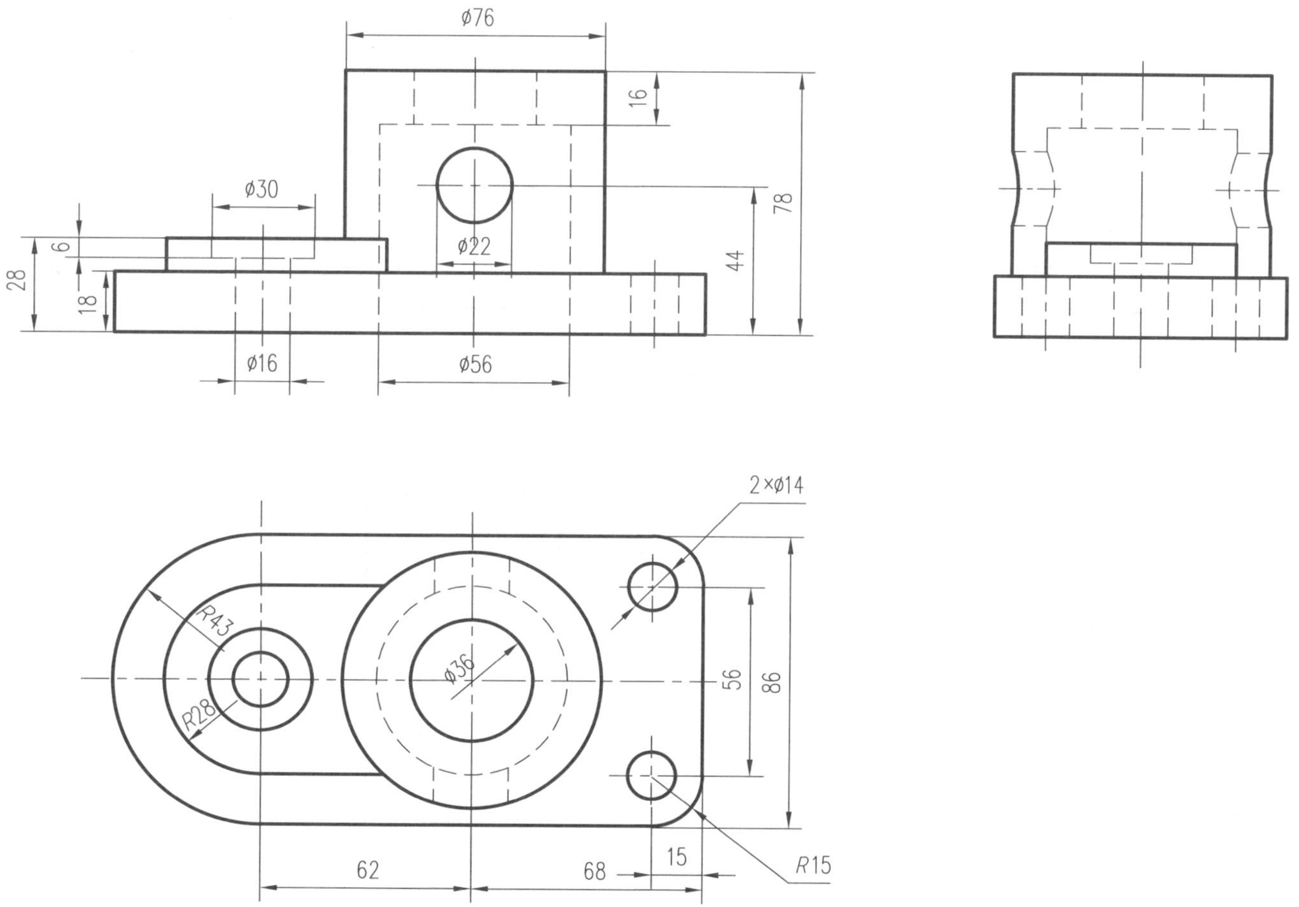

任务五　学习第三角绘制方法

7.5.1　画第三角视图(1)	班级		姓名		学号	

1.根据主视图、右视图，补画俯视图。

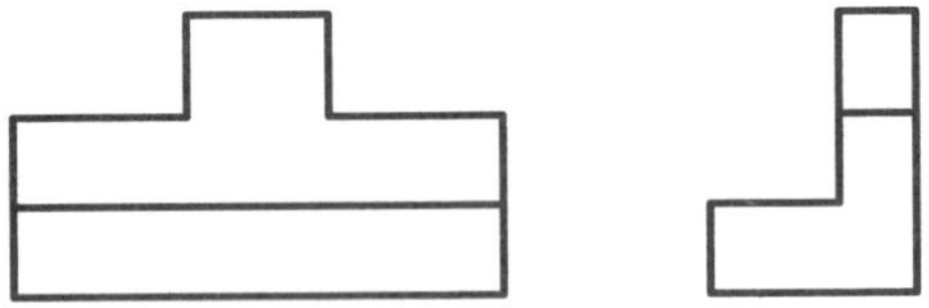

2.

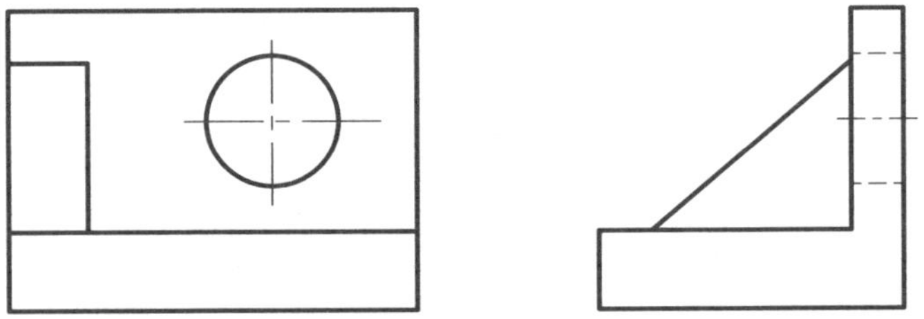

3.

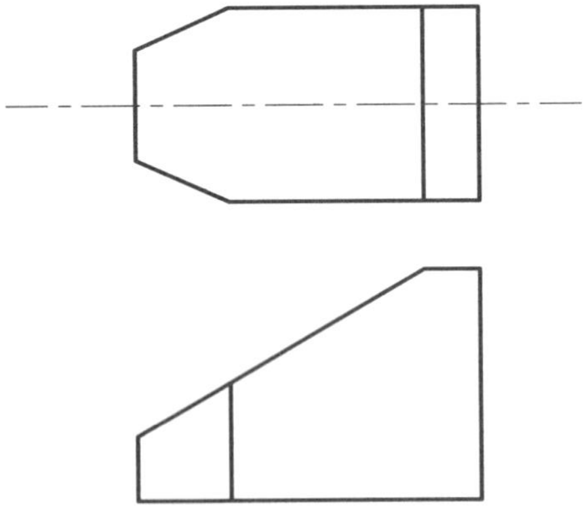

4.

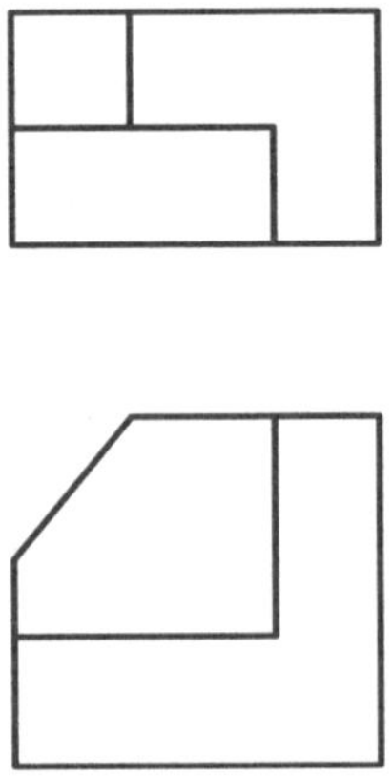

7.5.2　画第三角视图(2)	班级		姓名		学号	

1.

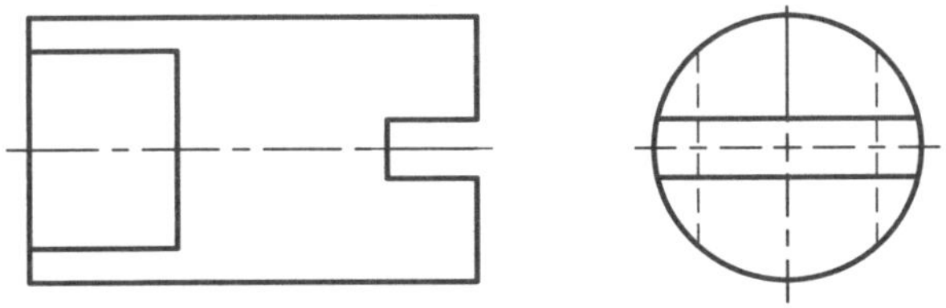

2.

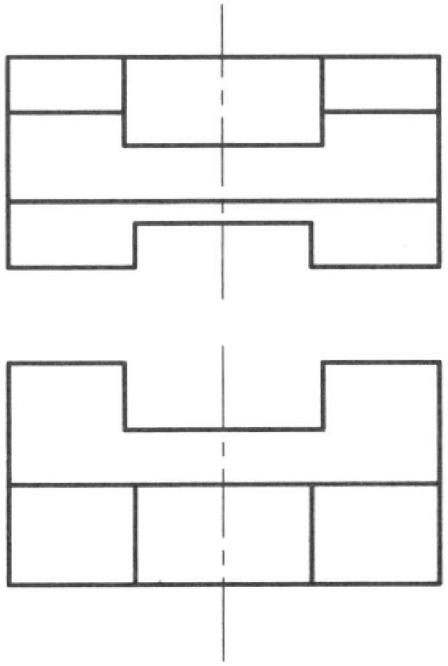

3.

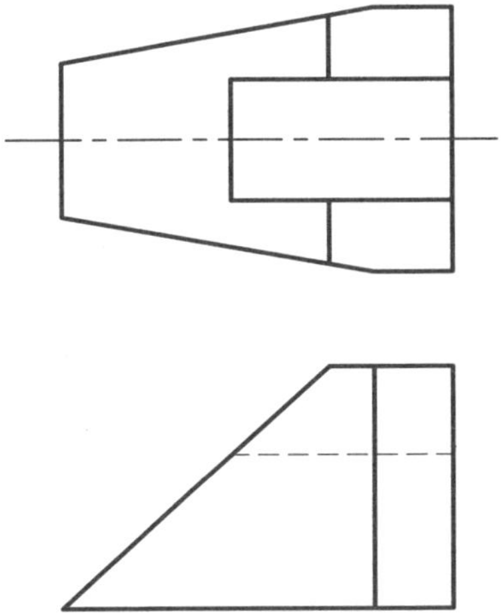

4.

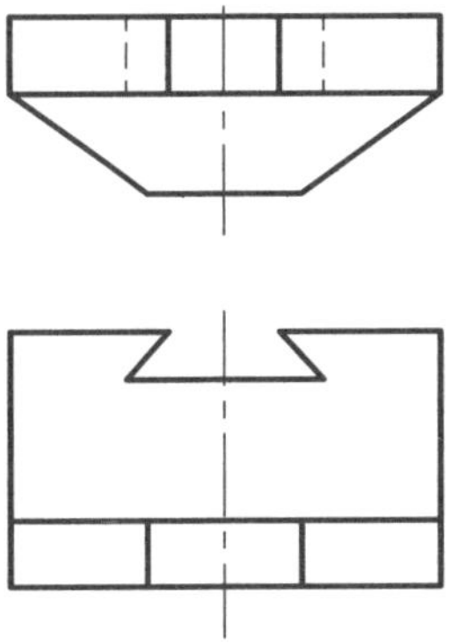

项目八

常用标准件的表达

任务一　认识螺纹

8.1.1　分析螺纹画法中的错误，并在指定位置画出其正确的图形	班级		姓名		学号	

1.

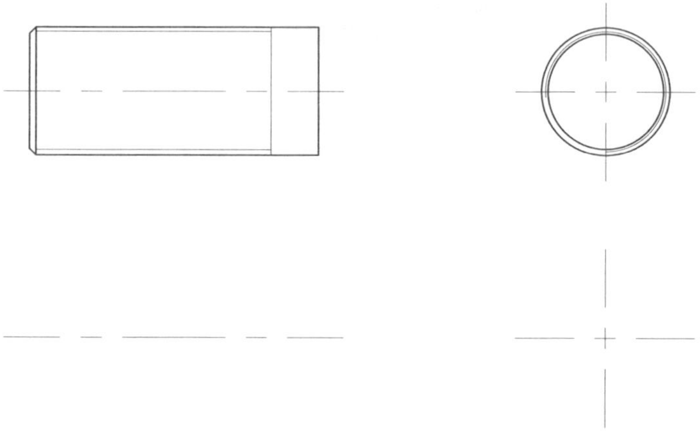

2.

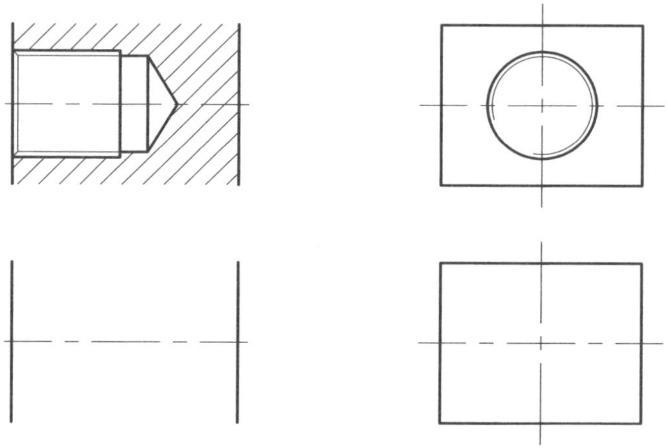

3.

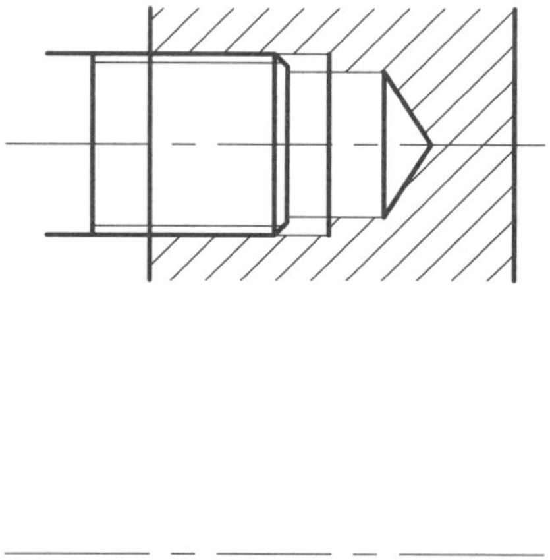

4.

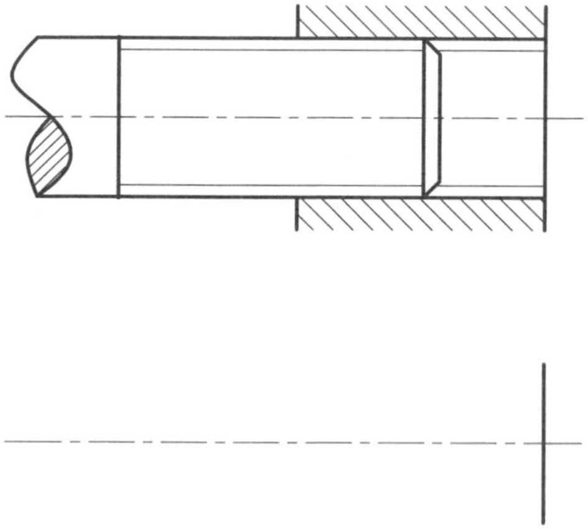

8.1.2　根据给定的螺纹要素，在图中注出其规定标记(1)	班级		姓名		学号	

1. 粗牙普通螺纹，公称直径24 mm，螺距3 mm，单线，中径公差带代号5g，顶径公差带代号6g，右旋。

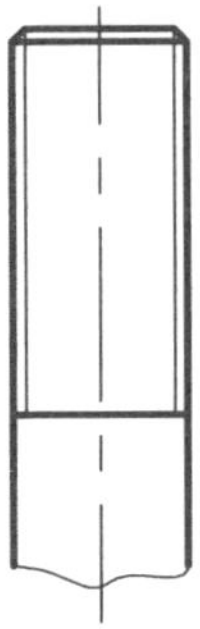

2. 细牙普通螺纹，工称直径18 mm，螺距1.5 mm，单线，中经顶径公差带代号均为6 h，中等旋合长度，左旋。

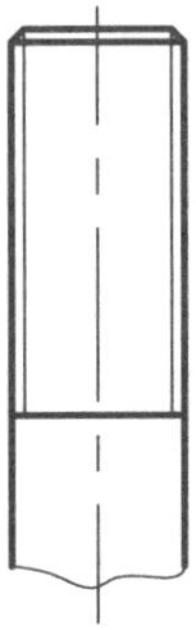

3. 55° 非密封管螺纹，尺寸代号3/4，左旋，公差等级A。

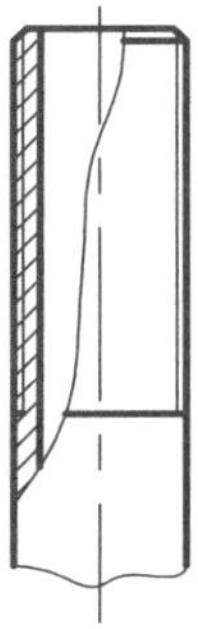

4. 梯形螺纹，公称直径26 mm，螺距5 mm，双线，左旋。

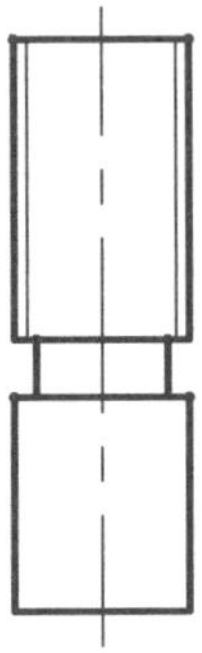

5. 锯齿形螺纹，公称直径38 mm，螺距7 mm，左旋，中径公差带7A，单线，中等旋合长度。

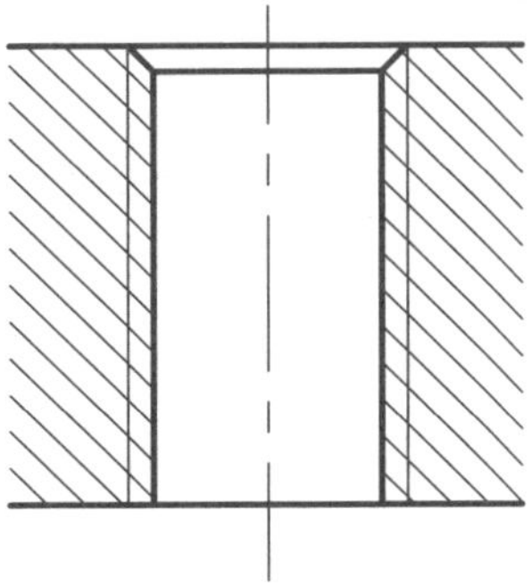

6. 梯形螺纹，公称直径20 mm，导程8 mm，双线，右旋，中径公差带8e，长旋合长度。

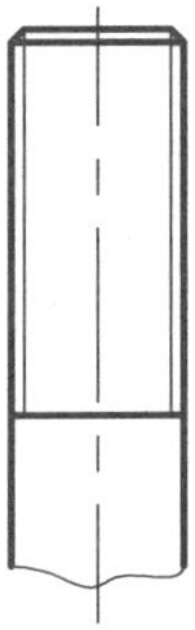

8.1.3 根据给定的螺纹要素，在图中注出其规定标记(2)

班级		姓名		学号	

1. 粗牙普通螺纹，公称直径22 mm，螺纹公差带：大径、中径均为6g；旋合长度为中(省略等N)。

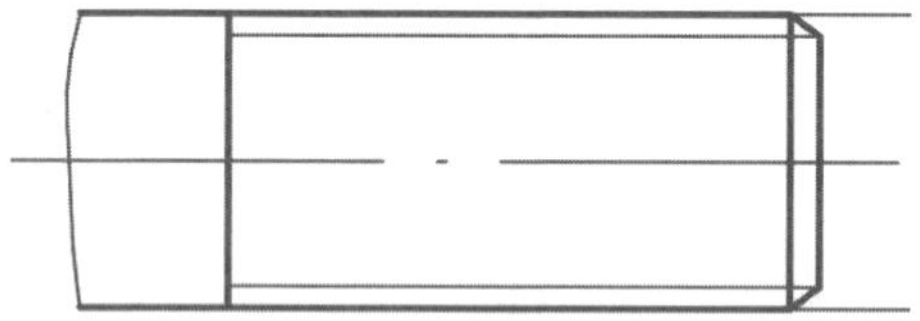

2. 细牙普通螺纹，公称直螺距为1.5 mm，螺纹公差带：小径、中径均为7H；旋合长度为L。

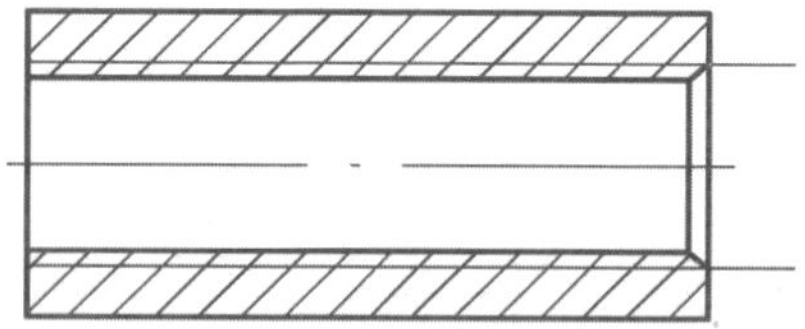

3. 55° 非密封管螺纹，尺寸代号1/2，公差等级为A级、右旋，用引出标注，代号G。

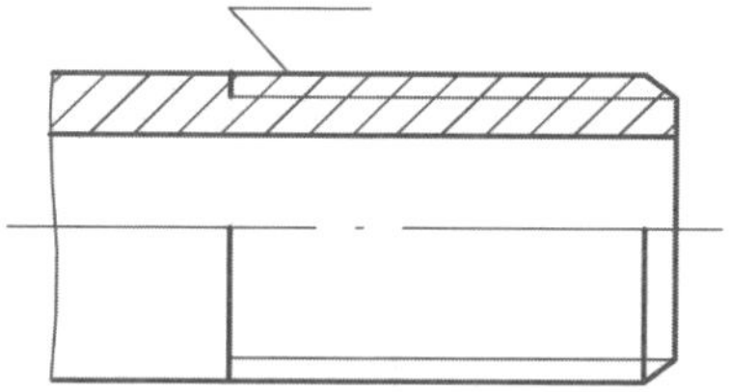

4. 55° 密封管螺纹，尺寸代号$1\frac{1}{2}$，用引出标注，圆锥内外螺纹旋合代号Rc、R2，圆柱内螺纹圆锥外螺纹旋合代号Rp、R1。

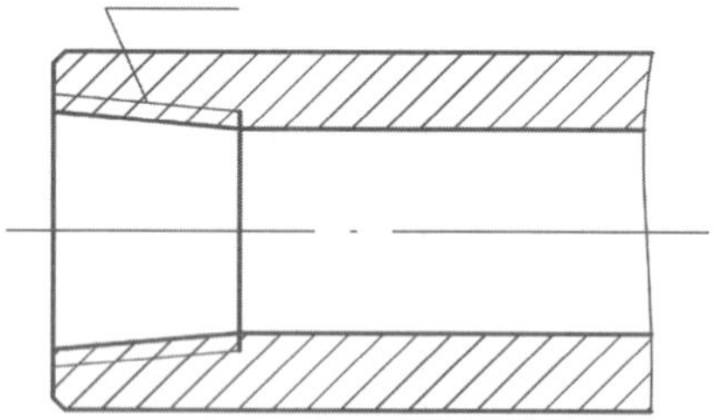

5. 梯形螺纹、公称直径40 mm，双线，导程14 mm，螺距7 mm，左旋LH，中径公差7H，旋合长度中等。

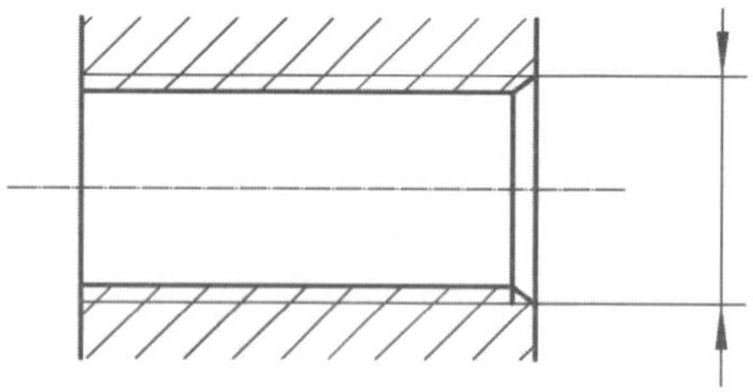

6. 锯齿形螺纹、公称直径32 mm，双线，螺距6 mm，中径公差7e，旋合长度中等。

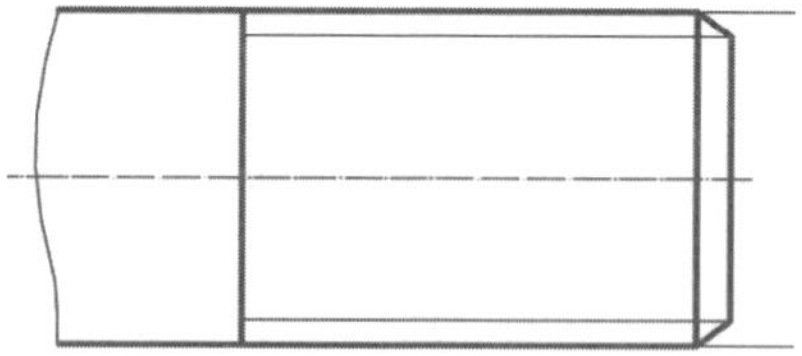

8.1.4　确定所给螺纹标记的含义	班级		姓名		学号	

螺纹标记	M24−5H−S−LH	M20 × 1.5−5g6g	Tr32 × 6LH−7H	B40 × 14(P7)−8e−L	G3/8A−LH	M16 × 1−6H
螺纹种类						
螺纹大径						
螺距						
导程						
线数						
中径、顶径公差带代号						
旋合长度						
旋向						

任务二　识读螺纹紧固件

8.2.1　查表确定下列各连接件的尺寸，并写出规定标记	班级		姓名		学号	

1.六角头螺栓－C级。

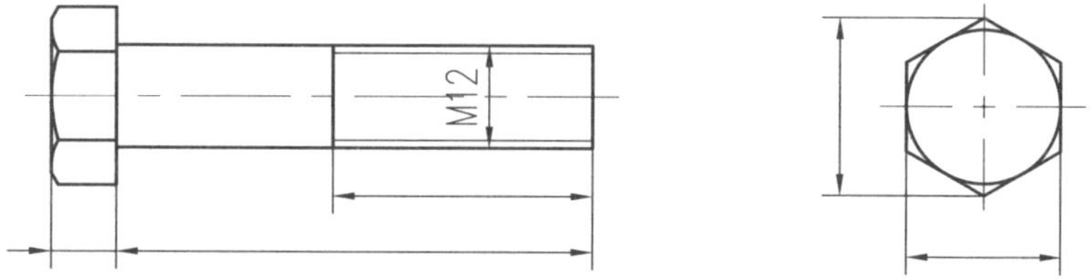

规定标记：____________________

2.1型六角螺母－A级。

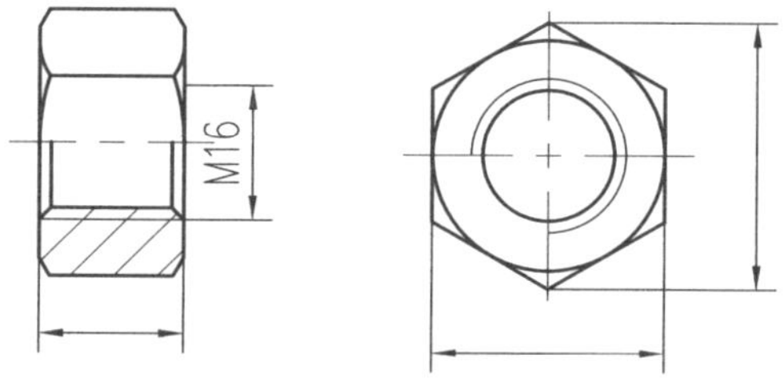

规定标记：____________________

3.开槽沉头螺钉。

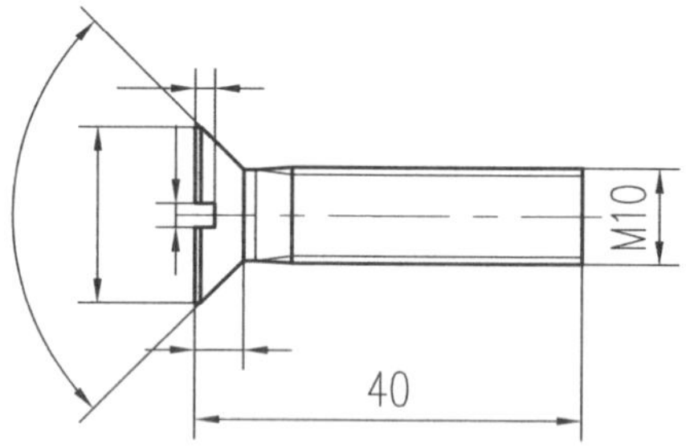

规定标记：____________________

4.平垫圈，倒角型A级。

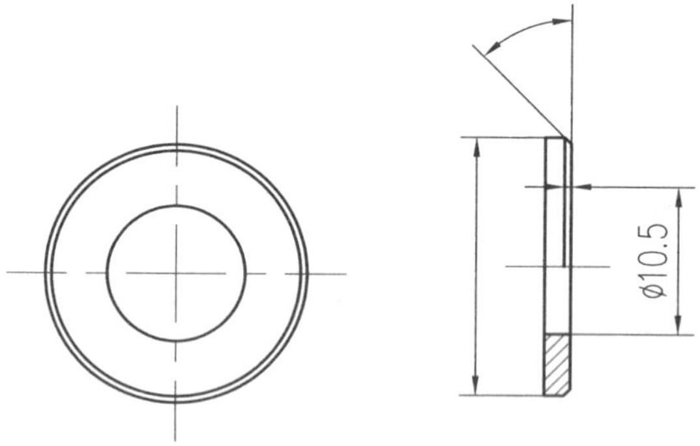

规定标记：____________________

8.2.2　分析并按要求作图	班级		姓名		学号	

1. 补全螺栓连接三视图中所缺的图线。

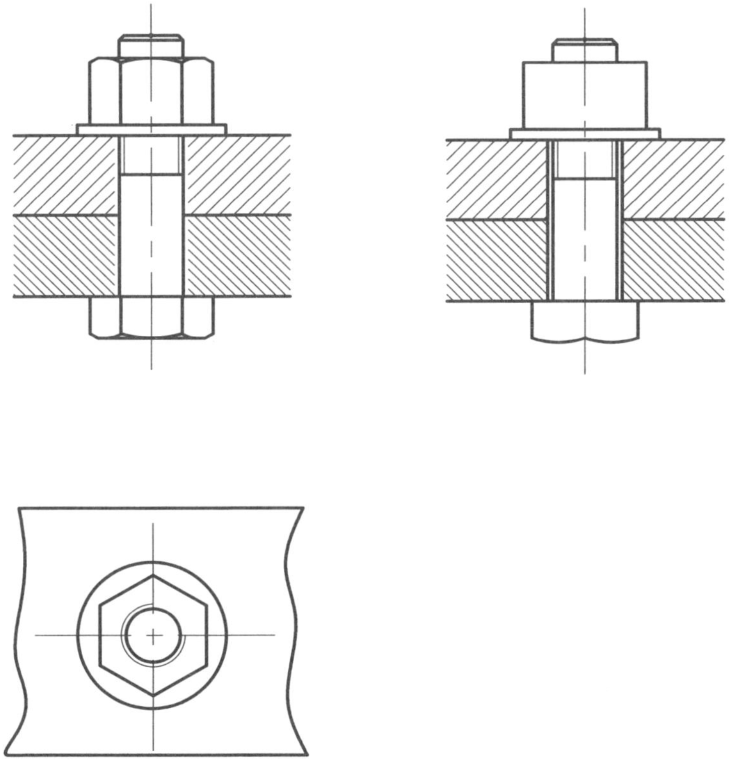

2. 分析螺钉连接两视图中的错误，将正确的图形画在右边。

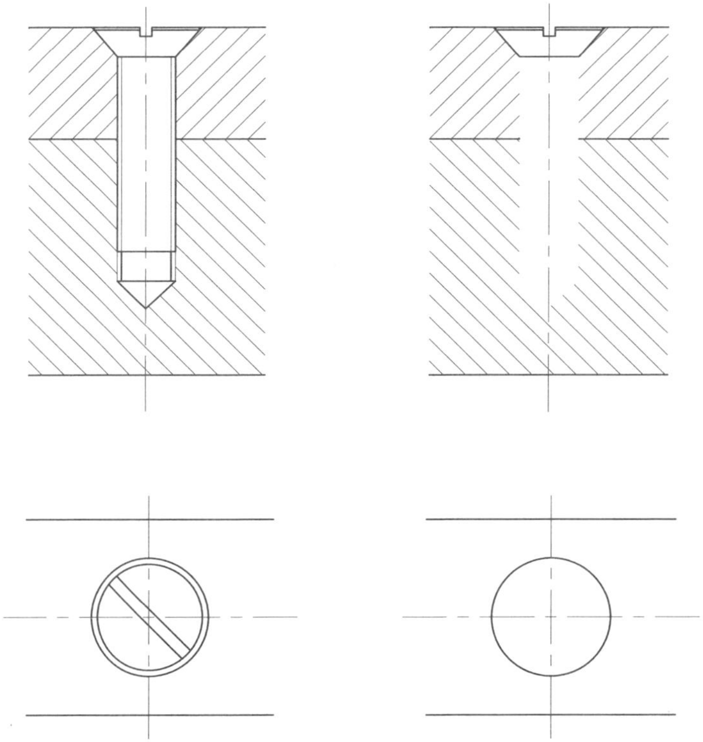

任务三　识读齿轮

8.3.1　计算并完成齿轮轮齿图形	班级		姓名		学号	

1. 已知直齿圆柱齿轮 m=5 mm、齿数 z=20，写出齿轮分度圆、齿顶圆和齿根圆直径的计算公式并计算其值。用1∶1的比例补全齿轮的两视图，并注全尺寸。

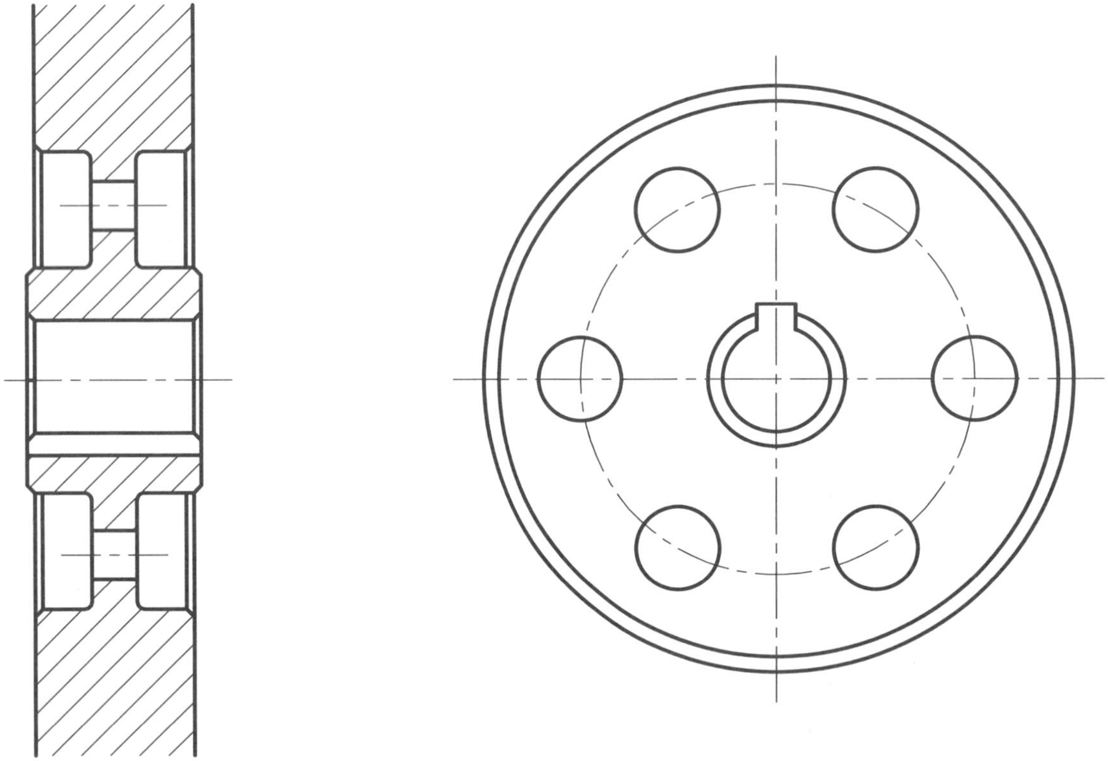

8.3.2　计算并完成齿轮啮合图	班级		姓名		学号	

2. 已知直齿圆柱大齿轮 m=4 mm、z=40，两齿轮中心距 a=120 mm，试计算大、小齿轮的基本尺寸，用1∶2的比例完成啮合图。

z_1=________

d_1=________

d_{f_1}=________

d_{a_1}=________

d_{a_2}=________

d_2=________

d_{f_2}=________

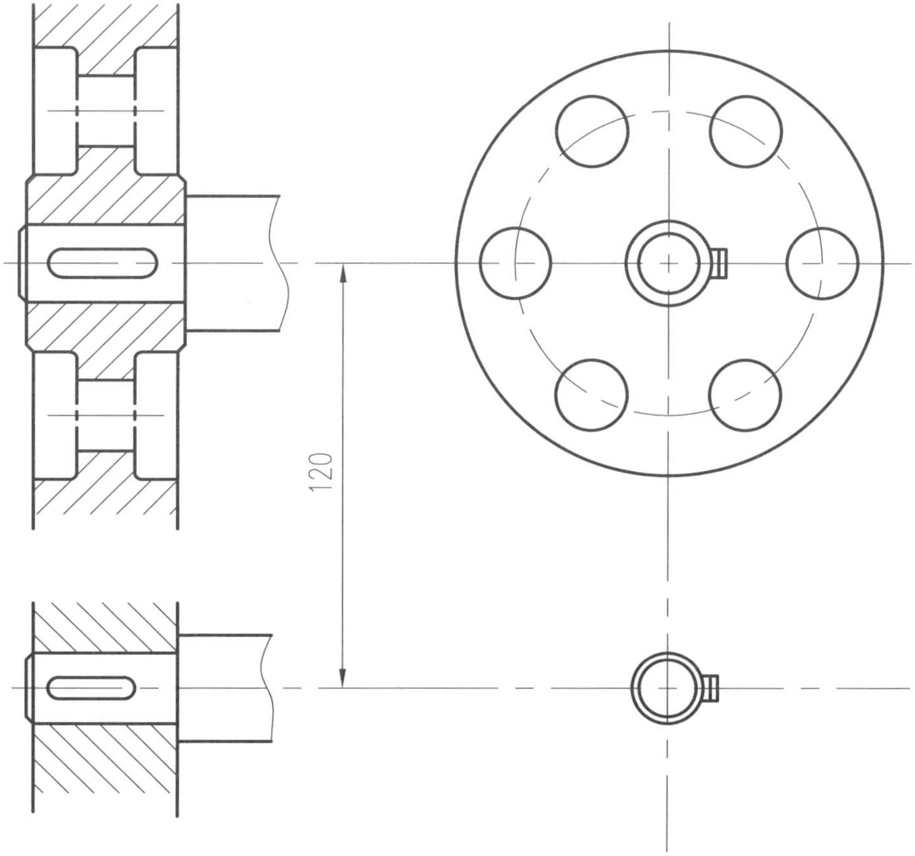

任务四　识读键和销

8.4.1　补图并标记(1)	班级		姓名		学号	

1. 已知轴和齿轮，用A型普通平键联结。轴、孔直径为25 mm，键长为25 mm。按1∶1的比例完成轴和齿轮的图形，并标注轴、孔及键槽尺寸(已由标准中查得：b=8 mm，h=7 mm，t_1=4 mm，t_2=3.3 mm)。

(1) 轴

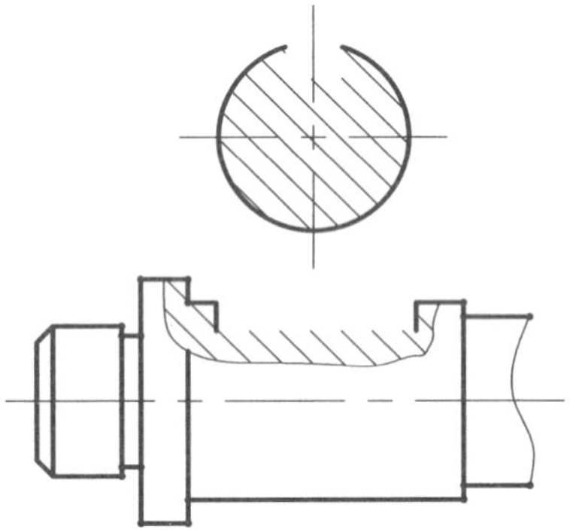

(2) 齿轮

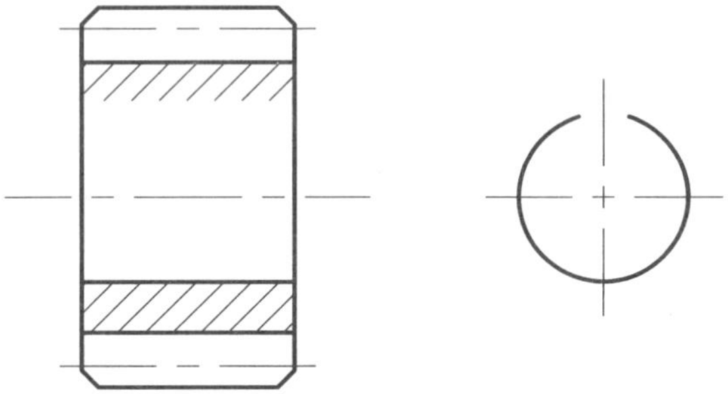

2. 用键将轴和齿轮联结起来，试完成其联结图。

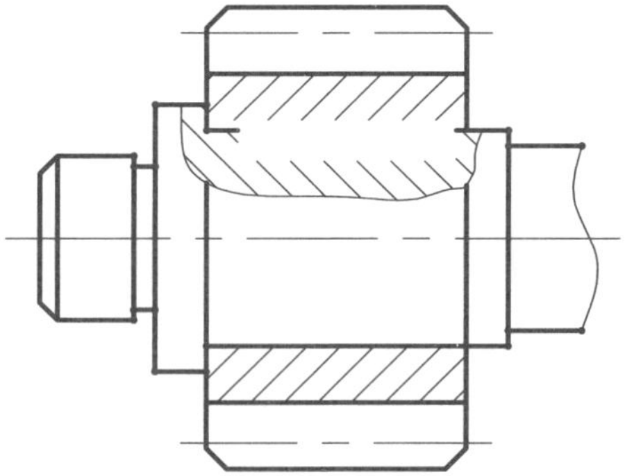

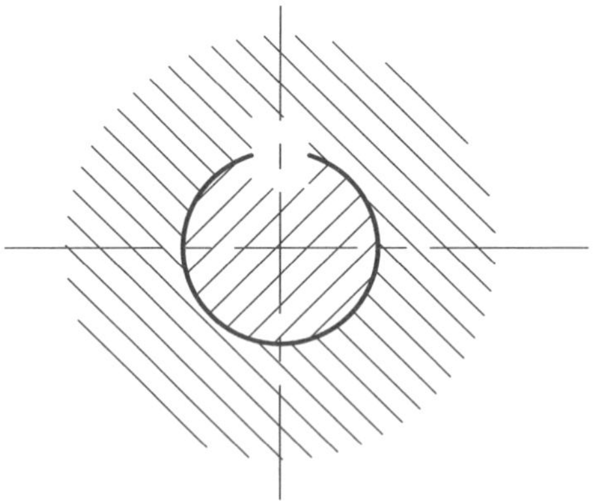

3. 写出键的规定标记：

规定标记：____

8.4.2　补图并标记(2)

班级		姓名		学号	

1. 补齐图中的缺线。

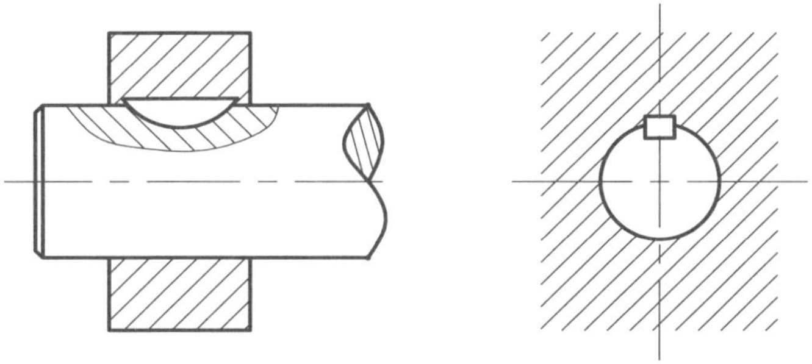

2. 补齐图中的缺线。

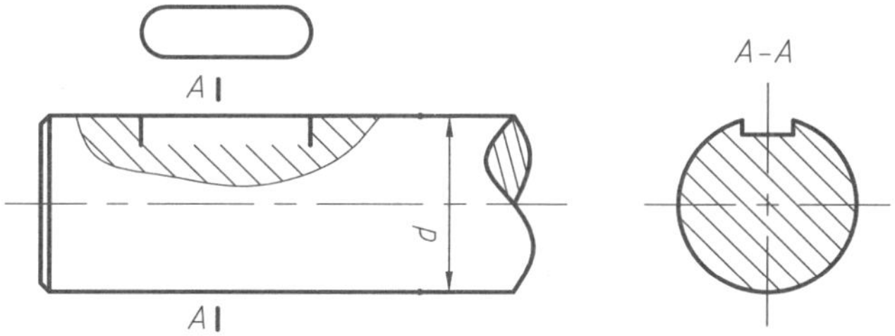

3. 公称直径 d=8 mm、长度 L=18 mm、材料为35钢、热处理后硬度为28~38HRC、表面氧化处理的A型圆柱销。

规定标记为：________________

4. 公称直径 d=10 mm、长度 L=60 mm、材料为35钢、热处理后硬度为28~38HRC、表面氧化处理的A型圆锥销。

规定标记为：________________

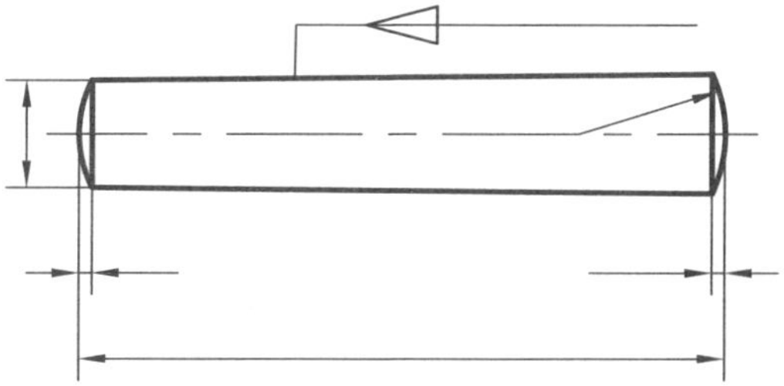

8.4.3　补图并标记(3)	班级		姓名		学号	

1. 选用公称直径 d=10 mm，适当长度的A型圆柱销(GB/T 119.1—2000)，补画连接图。

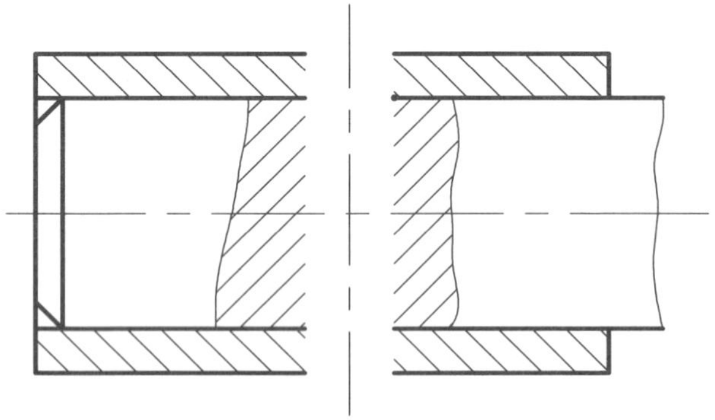

写出圆柱销的规定标记：

规定标记为：______________________

2. 选用公称直径 d=10 mm，适当长度的A型圆锥销(GB/T 117—2000)，补画连接图。

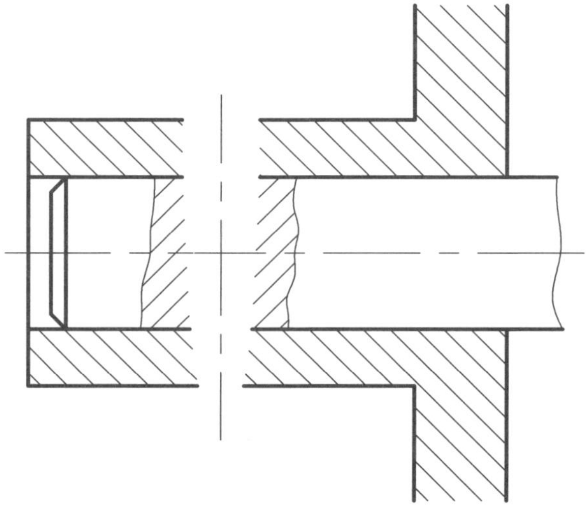

写出圆锥销的规定标记：

规定标记为：______________________

任务五　识读弹簧

8.5.1　画弹簧配剖视图	班级		姓名		学号	

1. 按1∶1的比例画出圆柱螺旋压缩弹簧(外径60、簧丝直径6，节距t=12、有效圈数n=6，支撑圈数n_0=2.5，右旋)，并标注尺寸。

2. 用规定画法完成深沟球轴承(6205)在轴端上的装配图。

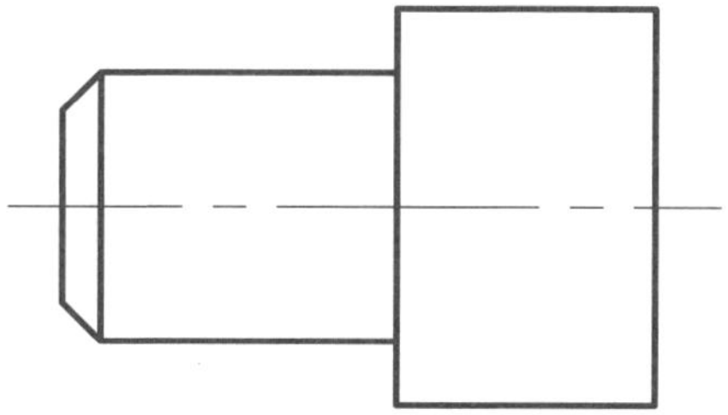

3. 用规定画法完成圆锥滚子轴承(30205)在轴端上的装配图。

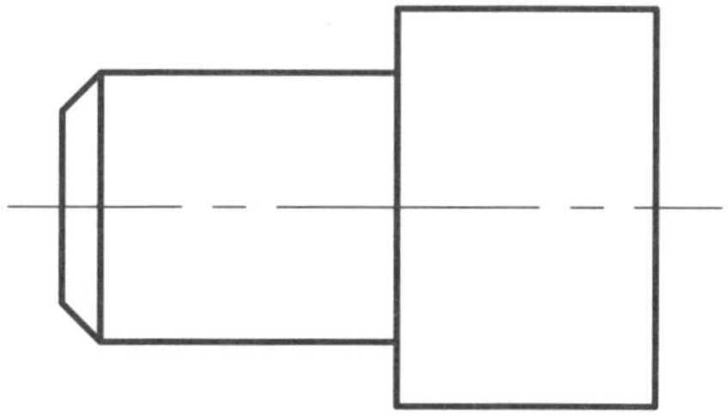

任务六　识读滚动轴承

8.6.1　标记轴承	班级		姓名		学号	

标出下图轴承的名称。

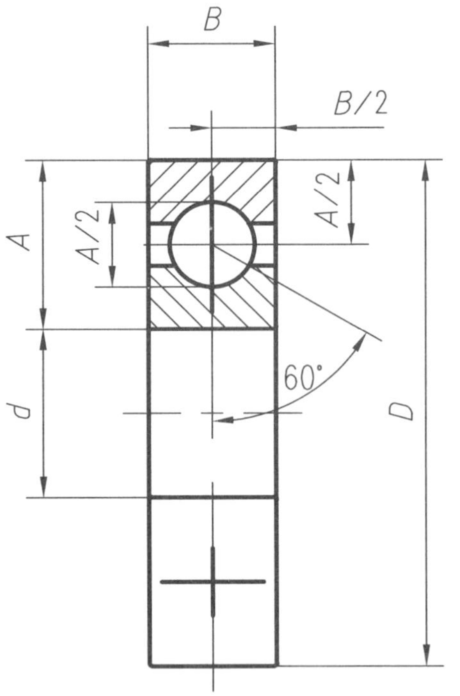

轴承名称：________________

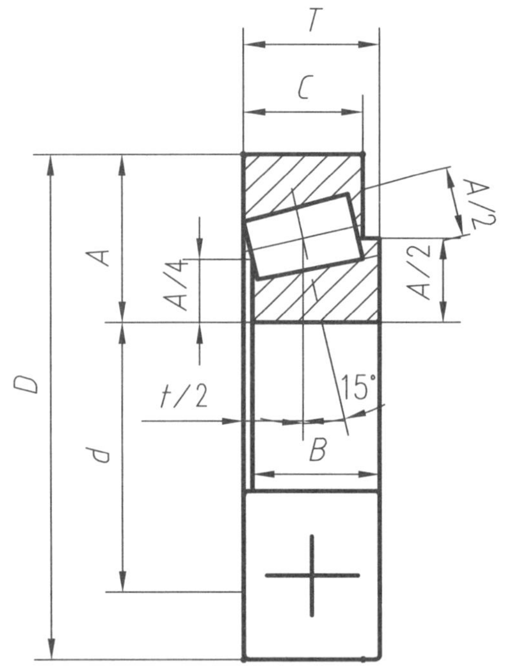

轴承名称：________________

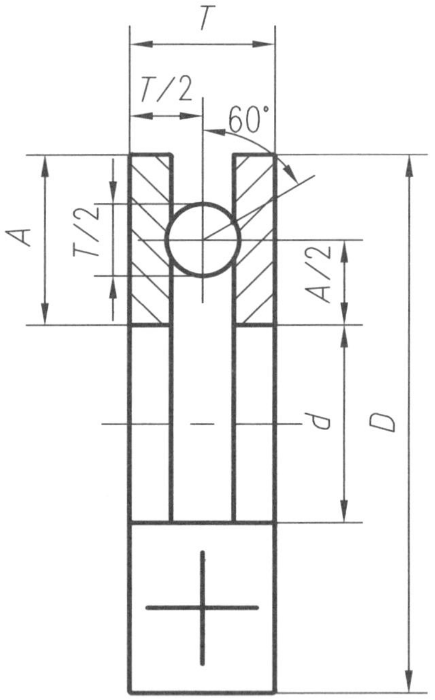

轴承名称：________________

项目九

零件图的识读

任务一　认识零件图

9.1.1　比较零件摇臂座的两种表达方案，并填空	班级		姓名		学号	

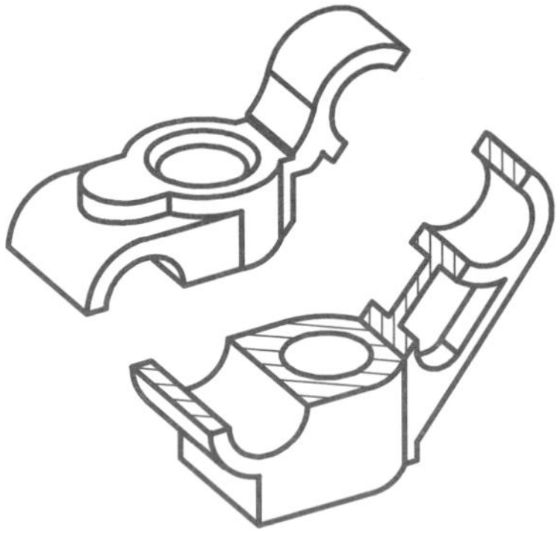

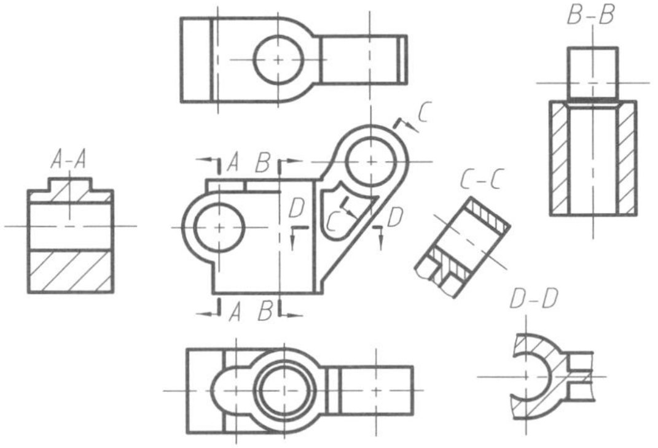

表达方案一

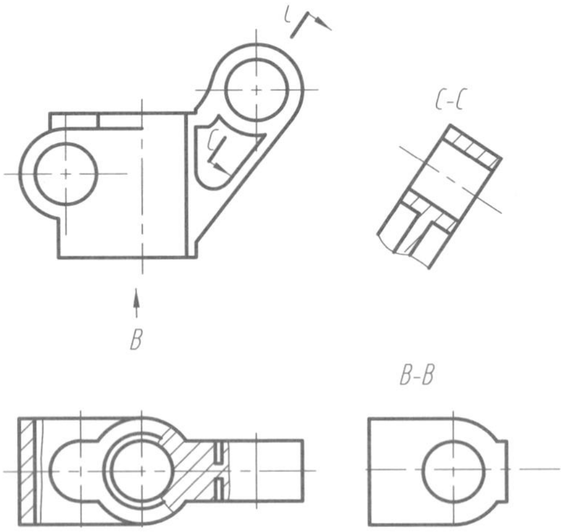

表达方案二

表达方案一：

共用____个视图表达，其中表示零件外形的是____视图、____视图和____视图。

*A–A*剖视表示________的内部结构，*B–B*剖视表示______的内部结构，*C–C*剖视表示________孔及________的厚度，*D–D*剖视表示________的形状及其与肋板的相对位置。

表达方案二：

共用____个视图表达，主视图主要表示零件的外形，并采用________剖视表示中间通孔的形状；俯视图上两处局部剖视分别表示________和________的局部形状；*C–C*剖视表示________的内部形状；*B*向局部视图表示摇臂座________的外形。

分析比较两个表达方案的优缺点，表达方案一的视图哪些可以省略？

任务二　标注零件图尺寸

9.2.1　选择基准，注全尺寸	班级		姓名		学号	

1. 支座绘图比例为1∶1，请标注量取尺寸取整标注图形

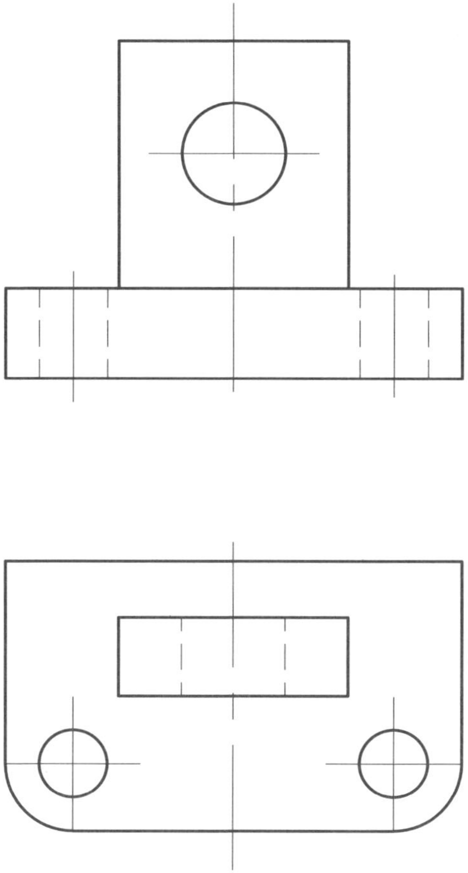

2.

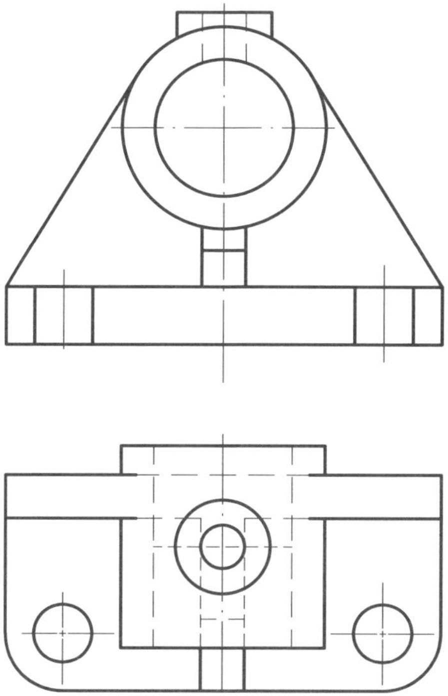

任务三　标注零件图的技术要求

9.3.1　解释配合代号的含义。查表并标注在零件上，然后填空	班级		姓名		学号	

1. 轴套与泵体配合。

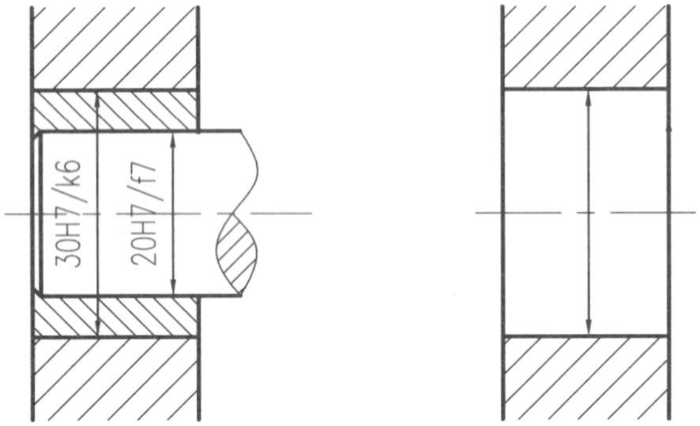

基本尺寸________，基________制。

公差等级：轴IT________级，孔IT________级，________配合。

轴套：上偏差________，下偏差________。

泵体孔：上偏差________，下偏差________。

2. 轴套与轴配合。

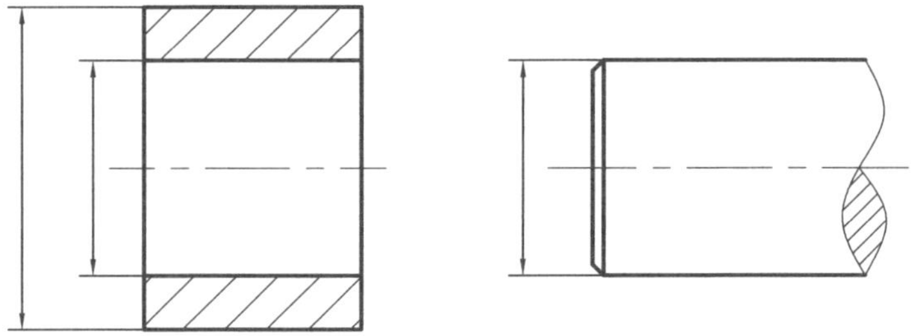

基本尺寸________，基________制。

公差等级：轴IT________级，孔IT________级，________配合。

轴套：上偏差________，下偏差________。

泵体孔：上偏差________，下偏差________。

9.3.2 参照第1题，填空说明图中几何公差的含义	班级		姓名		学号	

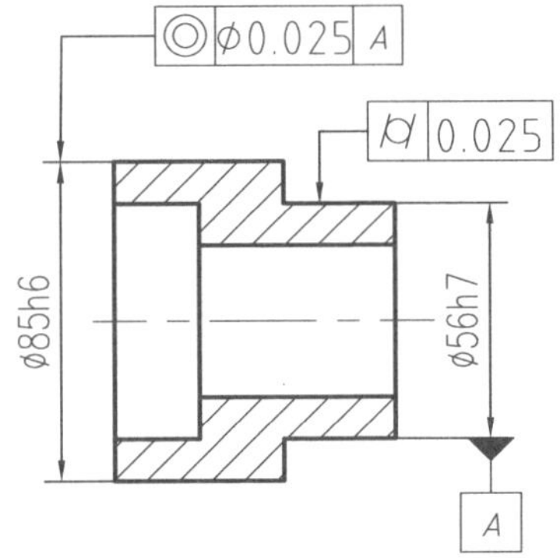

1. 例：φ85 的轴线对φ56轴线对轴线的同轴度公差为φ0.025；φ56圆柱面的圆柱度公差为0.025。

2.

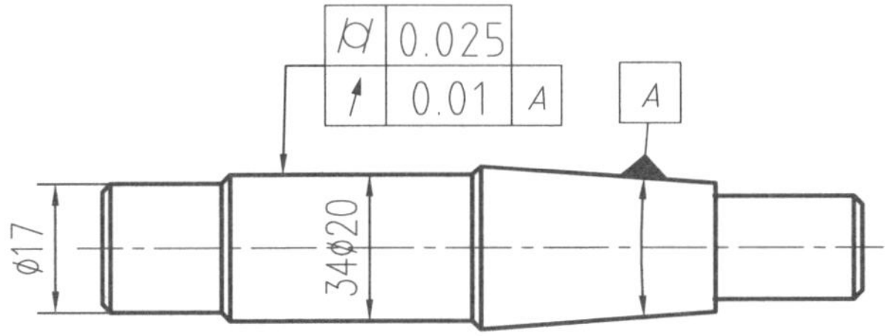

________圆柱面的________公差为________，________圆柱面对圆锥轴段的轴线的________公差为________。

3.

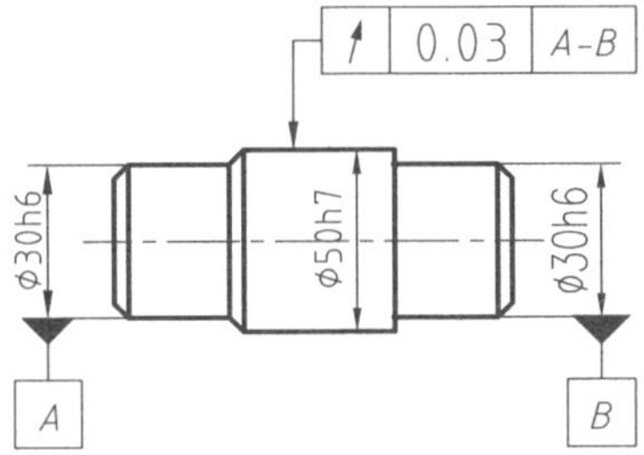

________圆柱面对两个________公共轴线的公差为________。

4.

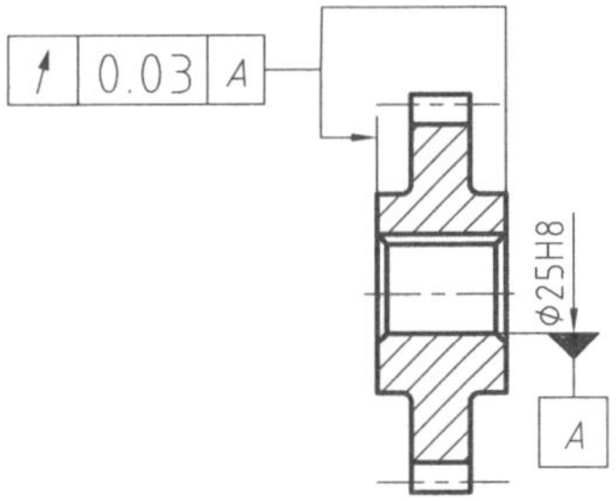

齿轮轮毂的两________面对________的轴线的公差为________。

5.

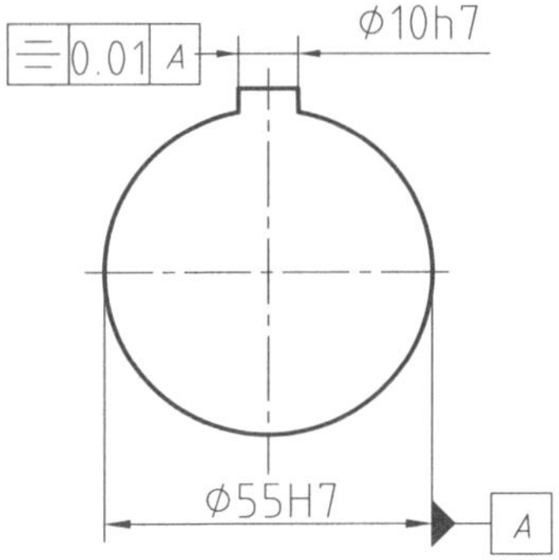

键槽的________对________轴线的公差为________。

9.3.3 用文字解释图中的形状和位置公差(按编号1、2、3顺序填写)	班级		姓名		学号	

1.______________________________

2.______________________________

3.______________________________

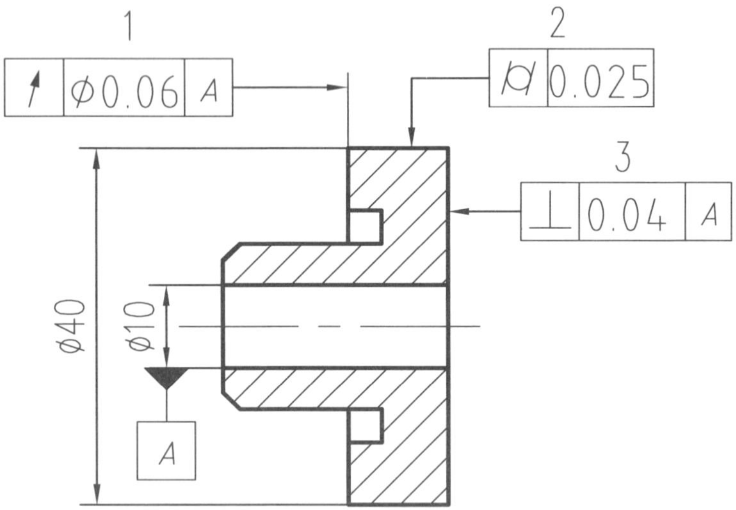

9.3.4　标注零件粗糙度	班级		姓名		学号	

1. 将下图各个表面均标上同一粗糙度值（*Ra* 的上限值为 1.6 μm，不可采用简化注法）

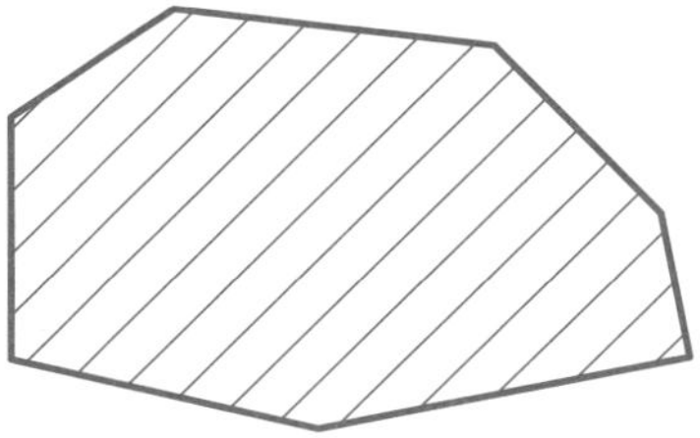

2. 下图封闭轮廓各表面的 *Ra* 值均为 3.2 μm，试用代号将其标注在图上。如果零件全部表面的 *Ra* 值均为 6.3 μm，试用简化注法将其代号注写在图下方的指定位置。

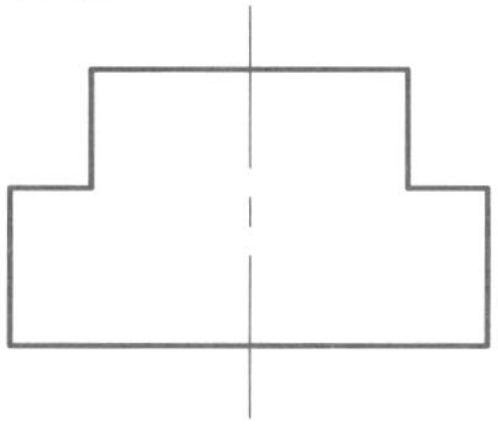

简化注法：

3. 按要求对给出表面注写粗糙度代号。

(1) 去除材料，单项上限值，默认传输带，*R* 轮廓，*Ra* 为 6.3 μm，评定长度为 5 个取样长度(默认)，“16% 规则”（默认）。

(2) 去除材料，单项上限值，默认传输带，*R* 轮廓，粗糙度最大高度的最大值为 0.8 μm，评定长度为 5 个取样长度(默认)，“最大规则”。

(3) 不允许去除材料，双向极限值，均为默认传输带和默认评定长度。上限值：*Ra* 为 6.3 μm，“最大规则”；下限值：*Ra* 为 1.6 μm，“16% 规则”（默认）。

4. 分析下列粗糙度标注的错误，将正确的标注在左图上。

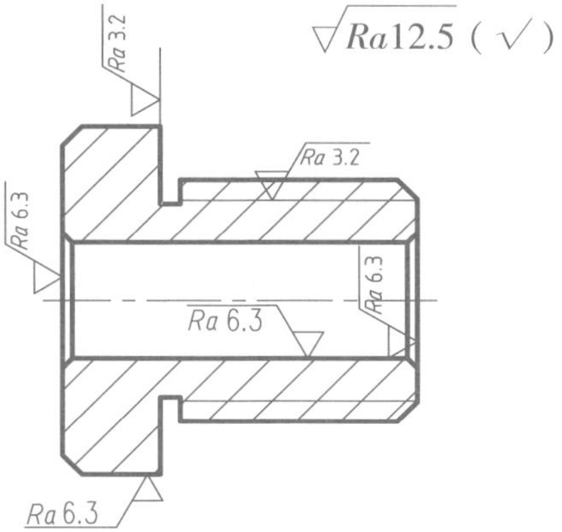

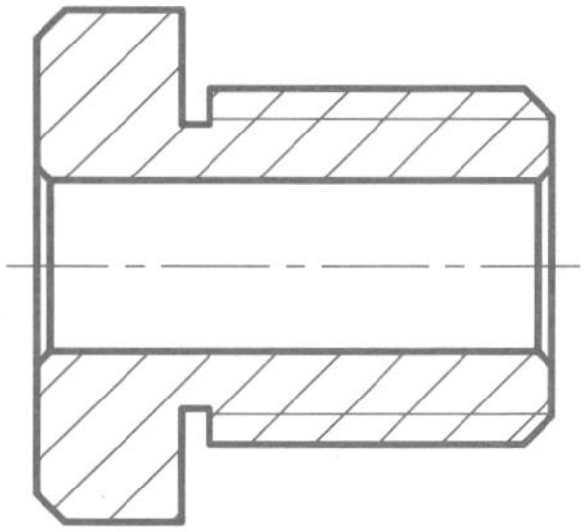

9.3.5 根据给定的*Ra*值，用代号标注在图上

班级		姓名		学号	

●注意沉孔的标注。

表面	A、B	C	D	E，F，G	其余
Ra/μm	12.5	3.2	6.3	25	毛坯面

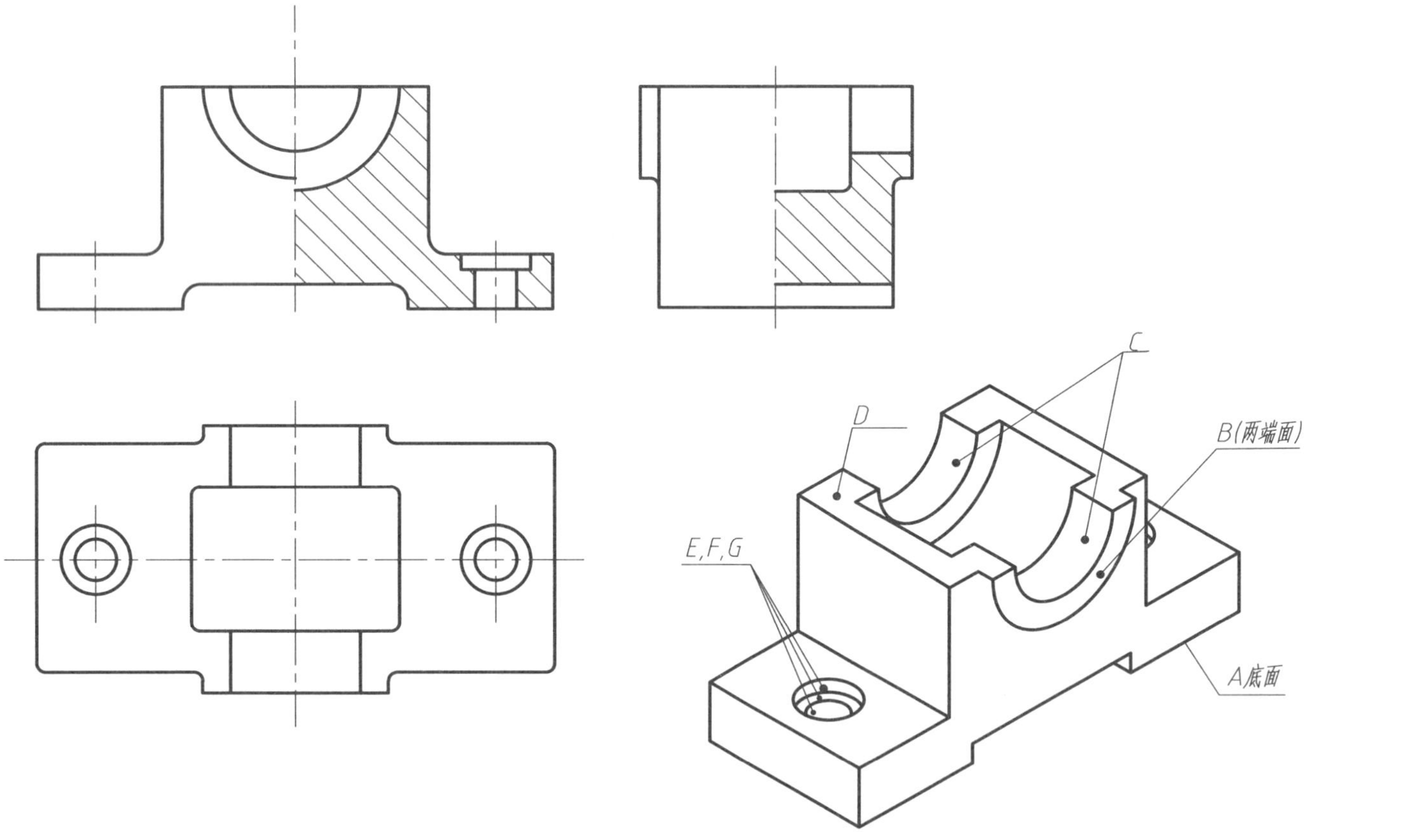

任务四　识读零件图

9.4.1　读轴承座、盖的零件图并回答	班级		姓名		学号	

看懂一对轴承座、盖的零件图，回答问题，并补画所缺的尺寸(注意相关尺寸的一致性)。

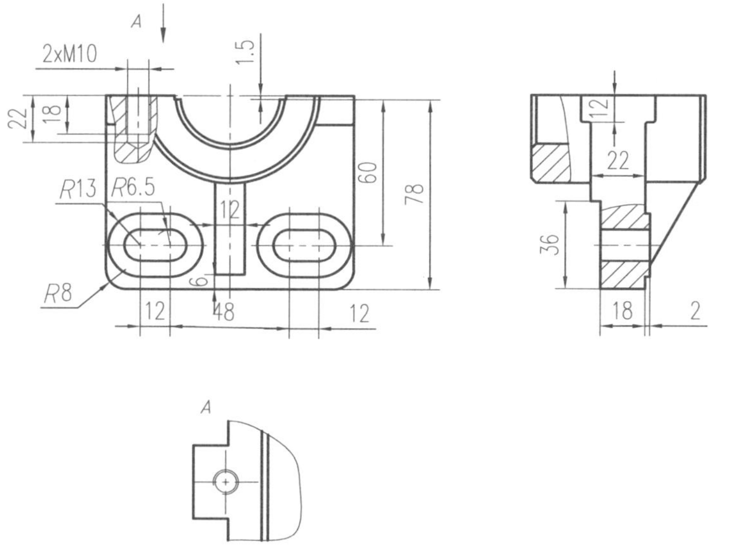

轴承座		比例	1:1	
		重量		
设计		日期	数量	
制图		日期	HT200	
审核		日期		

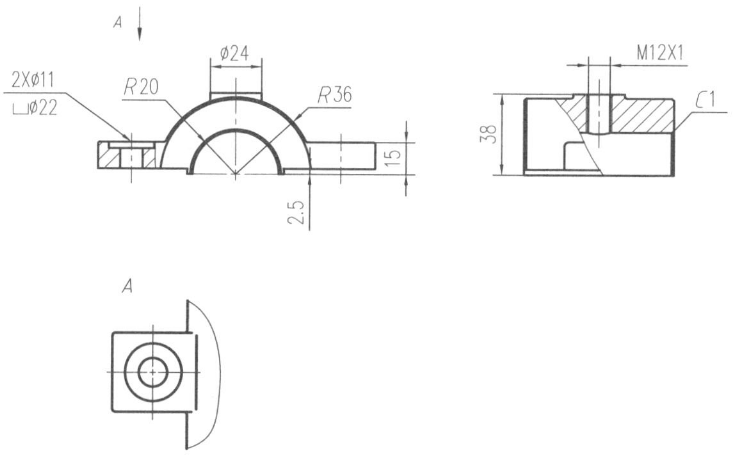

轴承盖		比例	1:1	
		重量		
设计		日期	数量	
制图		日期	HT150	
审核		日期		

(1) 该零件图名称为________，绘图比例为________，材料为________。

(2) 该零件由______个视图表达，其中主视图采用______视图。

(3) 该零件图名称为________，绘图比例为________，材料为________。

(4) 该零件由______个视图表达，其中主视图采用______视图。

9.4.2 读轴的零件图并回答

班级		姓名		学号	

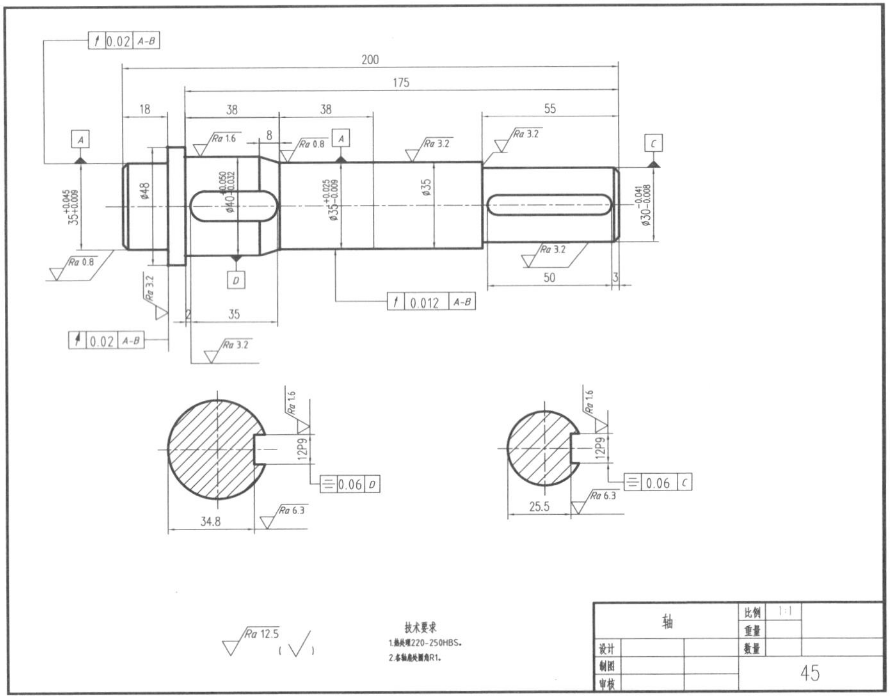

根据零件图回答以下问题：

(1) 一张完整的零件图应包括________、________、________和________四项内容。

(2) 图样中的图形只能表达零件的________，零件的真实大小应以图样上所注的________为依据。

(3) 该图零件名称是____________，绘图比例是____________，材料是____________。

(4) 该图形主视图选择原则为____________。

(5) 该零件共用________个图形表达该零件外形，表达键槽深度的图形称为________图。

(6) 该零件的总长为________，长度方向的尺寸基准是________。

(7) ⌯ 0.08 D 的含义：公差项目为____________；被测要素为：____________；基准要素为____________。

(8) 图中右端径向尺寸最大值是________mm，最小值是________mm。

9.4.3　读衬套的零件图，回答问题	班级		姓名		学号	

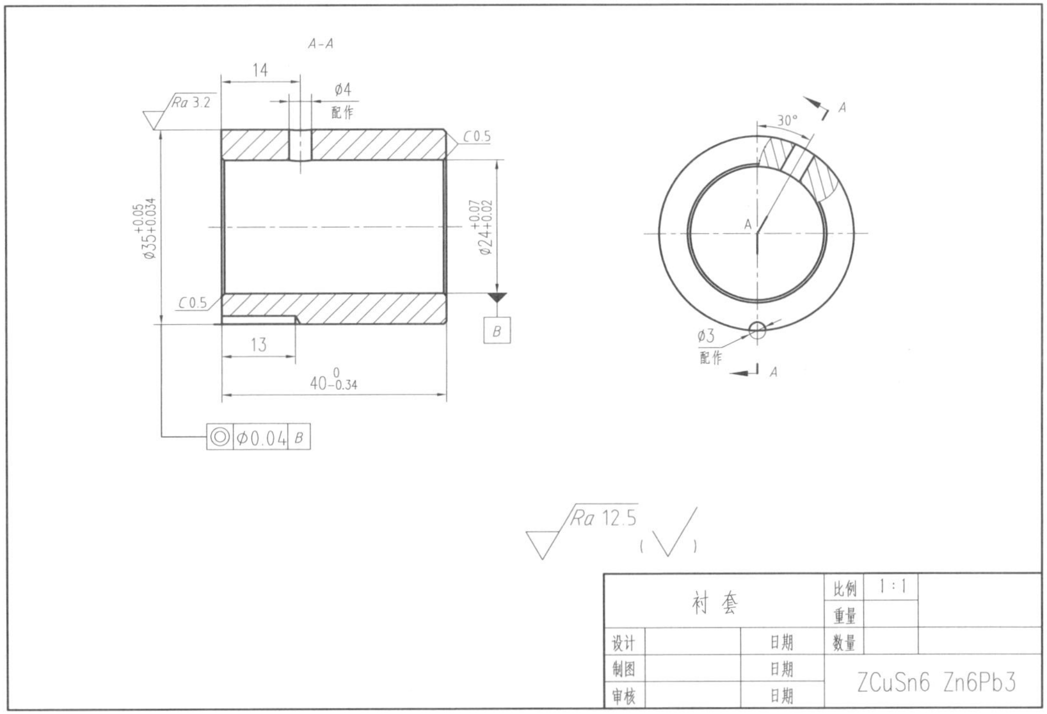

(1) 此图样由______、______、______、______四个内容组成。

(2) 该零件的主视图是采用______的剖切平面画出的______图，左视图为______剖视图。

(3) 小孔的定位尺寸是______、和______、定形尺寸是______。

(4) 孔 $\phi 24^{+0.072}_{0.0020}$ mm 的公称尺寸是______，上极限尺寸是______、下极限尺寸是______，公差是______。

9.4.4 读拨叉的零件图并填空

9.4.4 读拨叉的零件图并填空	班级		姓名		学号	

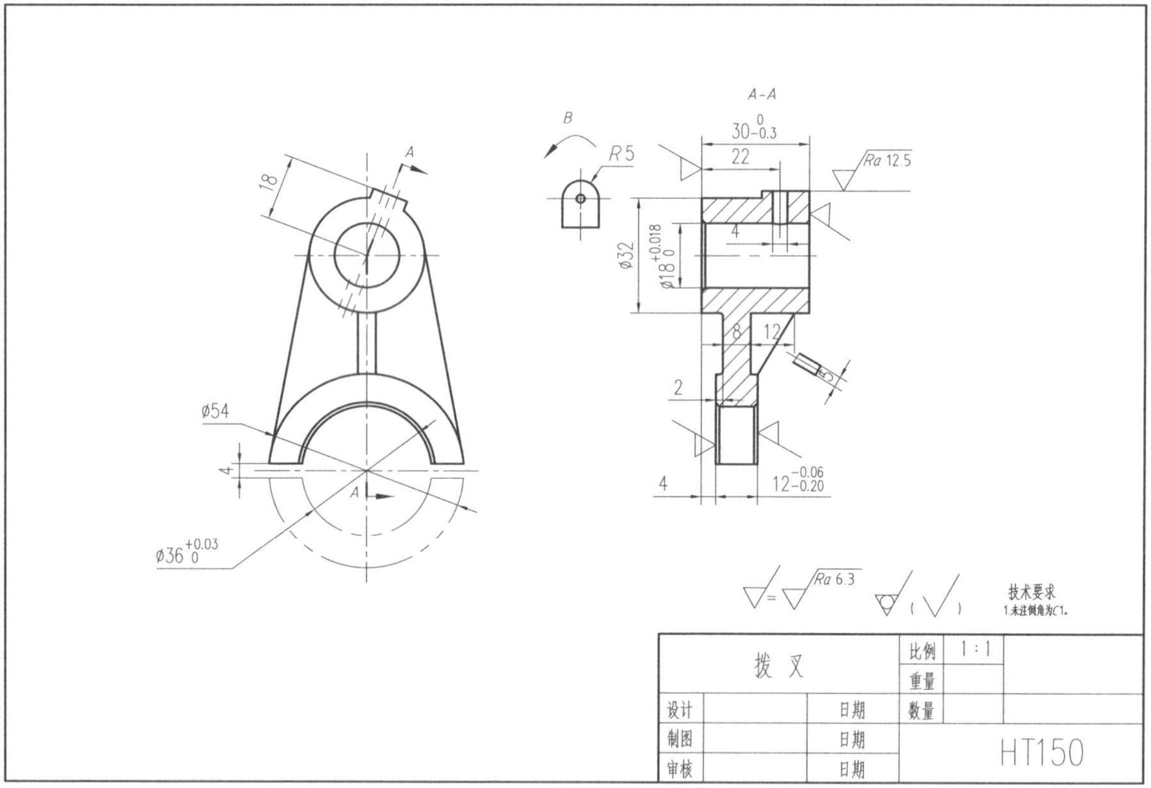

(1) 拨叉零件公用了______个图形表达形体结构，其中 A–A 是______图，B 向旋转为______图。

(2) 图中的细双点划线表示______________________。

(3) $\phi4$ 圆孔的定位尺寸是________，该孔的表面粗糙度代号是________。

(4) 肋板的厚度是________，其表面粗糙度代号是________。

(5) $\phi18^{+0.018}_{\ 0}$ 孔的上极限尺寸是________，下极限尺寸是________，公差是________。

(6) 图中有________处倒角，尺寸为________。

9.4.5　识读轴承盖的零件图并填空	班级		姓名		学号	

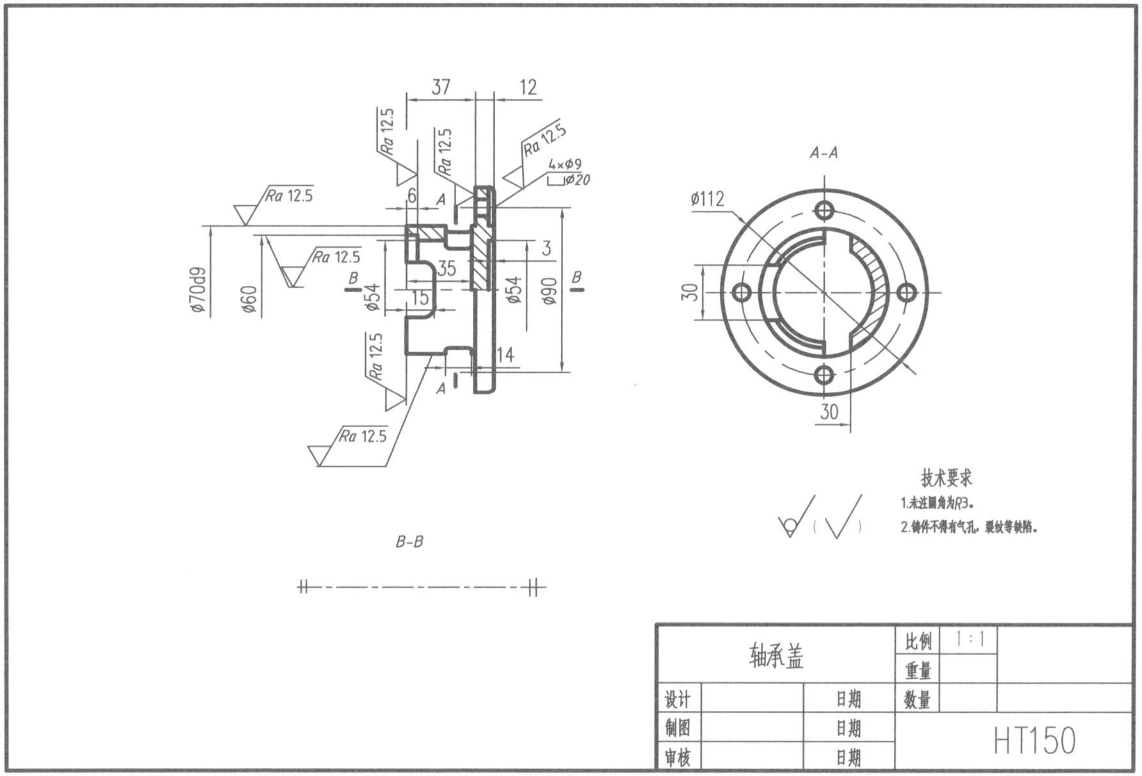

(1) 此类零件是________类零件，采用________剖视，表示____________。

(2) 此零件的右端面上有________个 $\phi 9$ 的孔，$\phi 20$ 的深度未注出，加工时，只要________即可。

(3) 分析尺寸基准，用“△”标出轴向主要尺寸基准。

(4) $\phi 70$d11 表示：公称尺寸为________，公差等级为________，基本偏差为________，基________制，________配合的轴。

(5) 在指定位置画出 B–B 剖视图(采用对称画法，画出前半部分)。

任务五　自测题

9.5.1　填空、选择	班级		姓名		学号	

1. 一张完整的零件图应包括下列四项内容：________、________、________、________。
2. 表面粗糙度是评定零件________的一项技术指标，常用参数是________，其值越小，表面越________；其值越大，表面越________。
3. 表面粗糙度符号√表示表面是用________的方法获得，○√表示表面是用________的方法获得。
4. 标准公差是国家标准所列的用以确定________的任一公差。公差等级是确定________的等级。标准公差分________个等级，即________，等级依次降低；其中 IT 表示________，阿拉伯数字表示________。
5. 主视图的投影方向应该能够反映零件的________。
6. 尺寸公差带是由________和________两个要素组成。________确定公差带位置，________确定公差带大小。
7. 配合有________和基轴制两种基准制。配合分成________、________和________三类。
8. 基本偏差是决定公差带相对零线位置的________。
9. 外螺纹的规定画法是：大径用________表示；小径用________表示；终止线用________表示。
10. 螺纹的旋向有________和________两种，工程上常用________螺纹。
11. 普通平键的标记：键 GB/T1096　18×11×100 表示 b=______mm，h=______mm，L=______mm 的 A 型普通平键(A 省略不注)。
12. ________是制造和检验零件的依据。
    A. 零件图　　B. 装配图　　C. 轴测图　　D. 三视图
13. 基孔制中的基准孔的基本偏差代号为________。
    A.h　　B.H　　C.A　　D.a
14. 零件的长、宽、高三个方向，每个方向有________个主要基准。
    A. 一　　B. 二　　C. 三　　D. 至少一
15. 基轴制中的基准轴的基本偏差代号为________。
    A.h　　B.H　　C.A　　D.a
16. 公差值是________。
    A. 正值　　B. 负值　　C. 零值　　D. 可以是正、负或零

9.5.2　读图并填空	班级		姓名		学号	

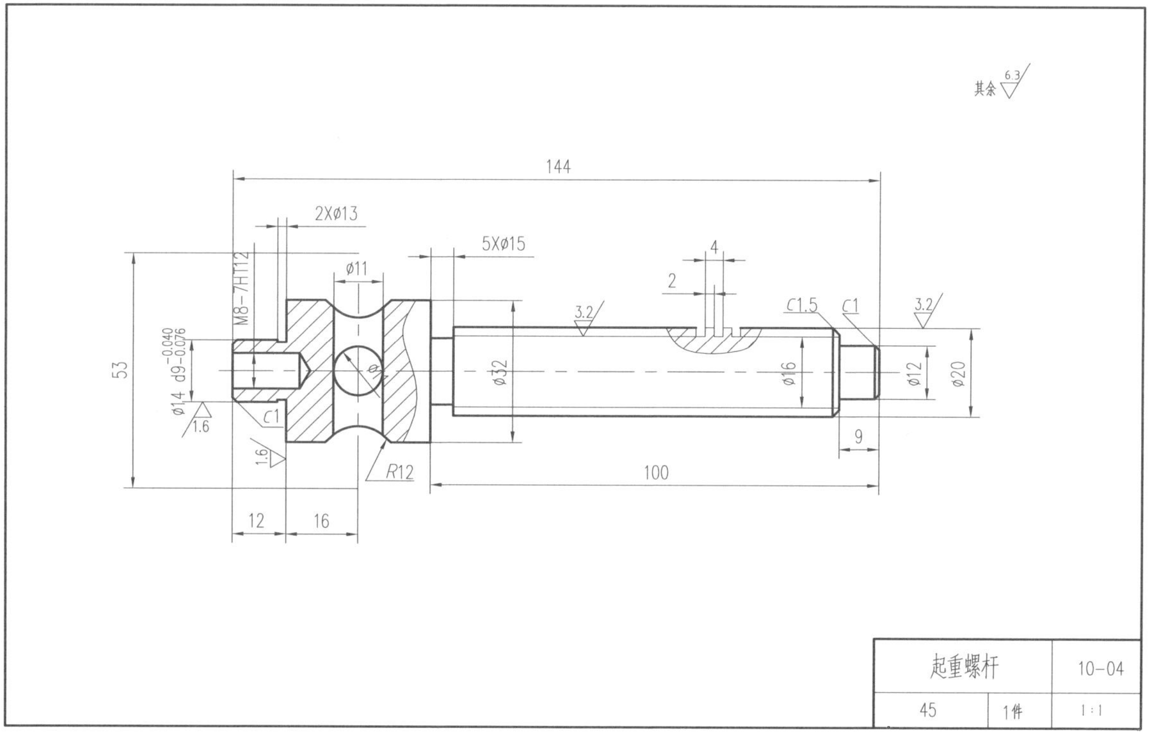

(1) 该零件在四类典型零件中属于________类零件。

(2) 零件左端面不通螺孔的螺纹深度尺寸为________。

(3) 零件左边 $\phi14$ 轴段的退刀槽尺寸是:________。

(4) 零件左边 $\phi14$ 轴段尺寸的上偏差是:________。

(5) 零件左边 $\phi14$ 轴段尺寸的下偏差是:________。

(6) 零件的材料是:________。

(7) 有尺寸公差要求的尺寸:有________个。

(8) 零件右端螺杆的长度是:________。

(9) 零件右端面的表面粗糙度代号中的 Ra 值是:________。

(10) 零件的径向尺寸基准是:________。

项目十

装配图的绘制

任务一 识读装配图

10.1.1 读铣刀头装配图	班级		姓名		学号	

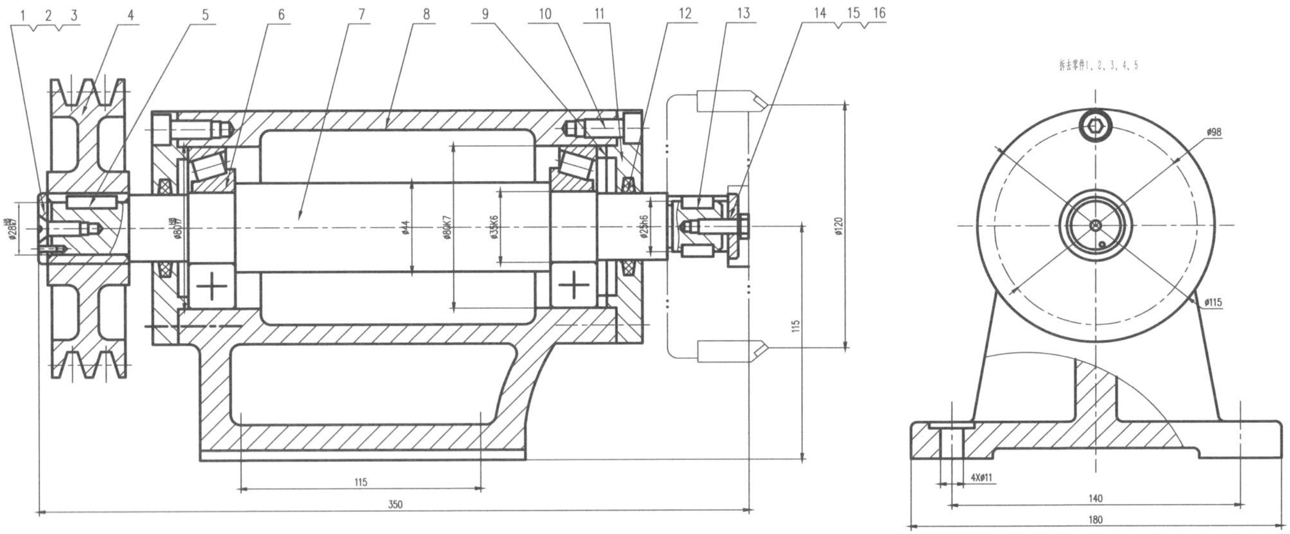

技术要求

1. 主轴轴线对底面的平行度公差值为100:0.04；
2. 刀盘定位轴颈的径向圆跳动公差值为0.02；
3. 刀盘定位端面对Φ25轴线的端面跳动公差值为0.02；
4. 铣刀轴端的轴向窜动不大于0.01；
5. 定期对轴承用专用润滑油润滑。

序号	代号或标准号	名称	件数	材料	备注
16	GB/T93	垫圈6	1	65Mn	
15	GB/T892	螺栓M6×20	1	Q235-A	
14	GB/T892	挡圈 B25	1	35	
13	GB/T1096	键6×6×15	2	45	
12	JB/ZQ4606	毡圈	2	羊毛毡	
11		端盖	2	HT200	
10	GB/T70.1	螺钉M8×22	12	Q235-A	
9		调整片	1	35	
8		座体	1	HT200	
7		轴	1	45	
6	GB/T297	轴承30307	2		
5	GB/T1096	键8×7×25	1	45	
4		V带轮	1	HT150	
3	GB/T119.1	销3×12	1	35	
2	GB/T68	螺钉J M6×18	1	Q235-A	
1	GB/T891	挡圈A28	1	35	

铣刀头		比例	1:2	（图号）	
		重量		共 张	第 张
制图				（校名）	
审核				（学号）	

10.1.2　根据铣刀头装配图填空	班级		姓名		学号	

根据铣刀头装配图回答下列问题：

1.主视图采用(　　　)图，左视图采用(　　　)图，并采用拆卸画法。表示拆去(　　　)、(　　　)、(　　　)、(　　　)、(　　　)五个零件。

2.主视图中的尺寸115为(　　　)尺寸。28H8/f7为(　　　)尺寸，主视图中的尺寸155和左视图中的尺寸150为(　　　)尺寸。

3.主视图中的配合尺寸28H8/f7的含义：28是实际(　　　)尺寸，H8表示基准孔的公差带代号，其基本偏差为(　　　)的(　　　)级孔。F7表示轴的公差带代号，即基本偏差为(　　　)的(　　　)级轴。

4.主视图左端的序号1、2、3分别指(　　　)、(　　　)、(　　　)三个零件。

5.铣刀头共有(　　　)零件，其中标准件有(　　　)种。如果要拆下件5，必须按顺序拆下(　　　)、(　　　)、(　　　)、(　　　)再取出件5。

6.主视图中双点划线线处为(　　　)画法。

10.1.3 读虎钳装配图

班级		姓名		学号	

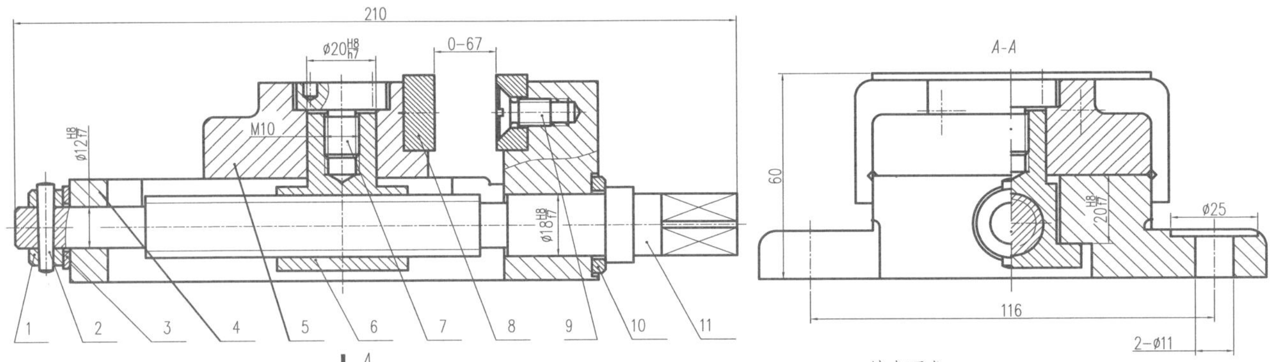

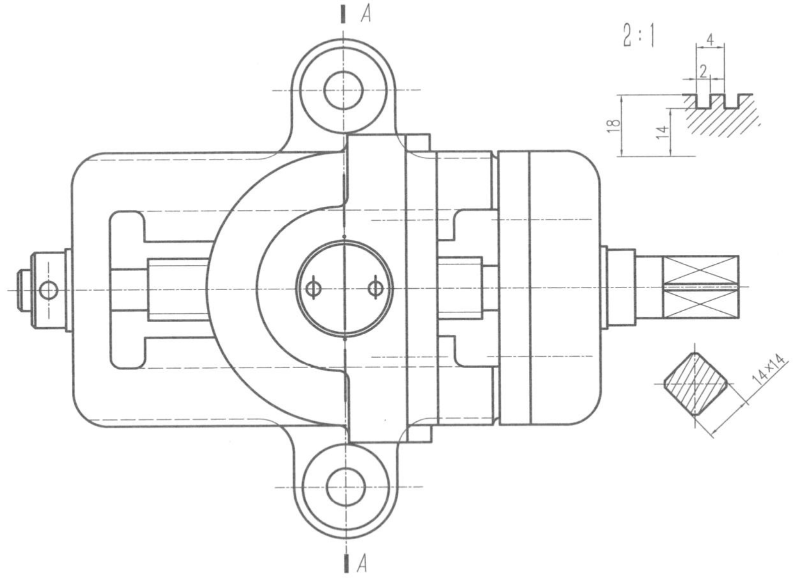

技术要求

1. 装配后应保证螺杆转动平稳、灵活。
2. 虎钳闭合时，两钳口板应全部接触不得有间隙。

序号	代号	零件名称	数量	材料	备注
11		螺杆	1	45	
10		垫圈	1	A3	
9	GB68-85	螺钉	4	A3	M8×6
8		护口板	2	45	
7		螺钉	1	A3	
6		螺母	1	35	
5		活动钳身	1	HT200	
4		固定钳身	1	HT200	
3	GB97.2-85	垫圈	1	A3	12-A140
2	GB117-86	销	1	35	A4×26
1		圆环	1	A3	

机用虎钳		比例	1:1	HQ-12	
		重量			
设计	日期	数量	1	第12张	共12张
制图	日期				
审核	日期				

10.1.4　根据虎钳装配图填空	班级		姓名		学号	

1. 虎钳装配图共用(　　　)个视图表达，其中主视图采用(　　　)剖视图，主要表达虎钳的工作原理、形状特征和主要零件的装配关系。
2. 俯视图采用(　　　)剖视图，主要表达螺钉安装钳口的连接方式。左视图采用(　　　)剖视图，表达了钳座、螺杆、螺母三者间的位置关系。
3. 主视图右端序号1、2、3分别指(　　　)、(　　　)、(　　　)三个零件。
4. 虎钳共有(　　　)种零件，其中标准件有(　　　)种。
5. 主视图配合尺寸$\phi 14\frac{H8}{f7}$的含义：是(　　　)尺寸，ϕ14表示(　　　)的公差带代号和等级，及基本偏差为(　　　)的(　　　)级孔。表示(　　　)的公差带代号，即基本偏差为(　　　)的(　　　)级轴。
6. 为了使螺杆在钳座左、右两圆柱孔内转动灵活，螺杆两端轴颈与圆孔的配合尺寸为(　　　)、(　　　)，采用(　　　)制(　　　)配合。
7. 螺母块在机用平口钳中工作时起重要作用，它的整体结构形状是上圆下方，上部圆柱与(　　　)相配合，在装配图上标注的配合尺寸为(　　　)。通过压紧螺钉7可调节螺母块与螺杆的松紧程度，使螺杆转动灵活。

任务二　绘制装配图

10.2.1　根据零件图画装配图(1)	班级		姓名		学号	

画轴架和带轮的装配图

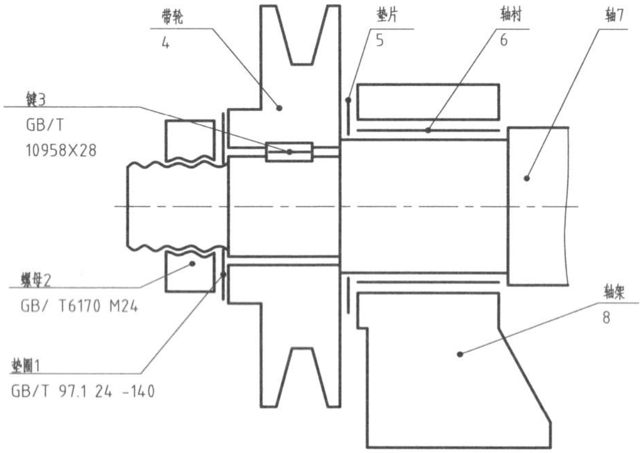

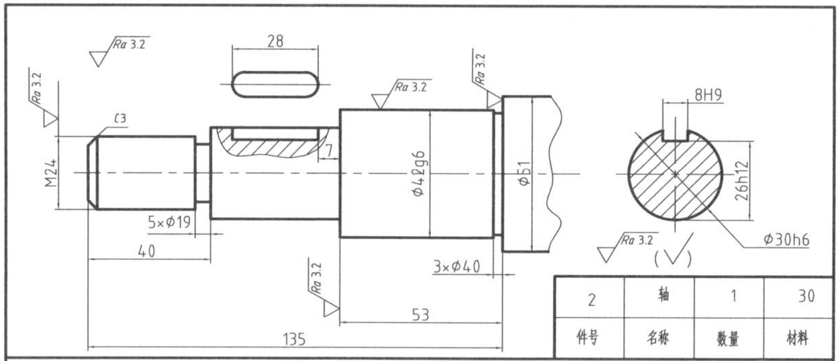

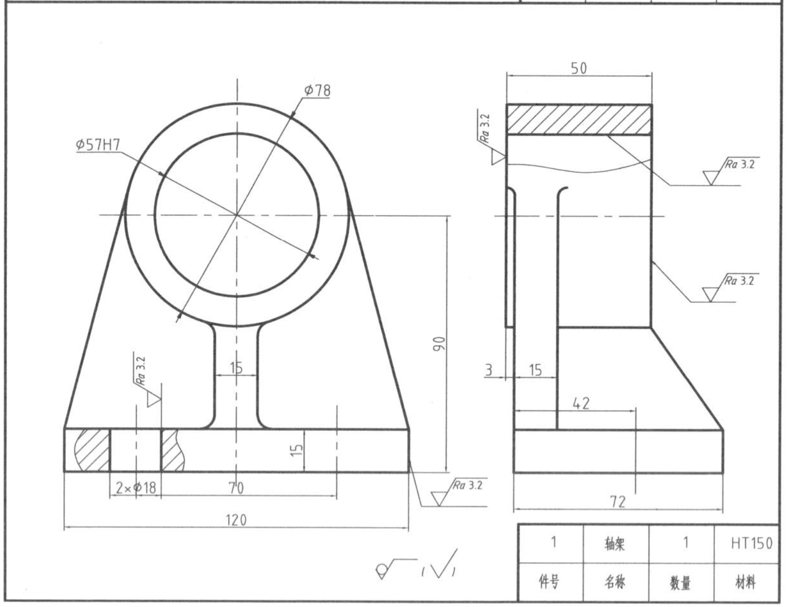

轴7配以轴衬6后与轴架8装配。带轮4用键3联结于轴上，轮的两侧衬以垫片5和垫圈1，并用螺母2紧固。

10.2.2　根据零件图画装配图(2)

班级		姓名		学号	

各种标准件

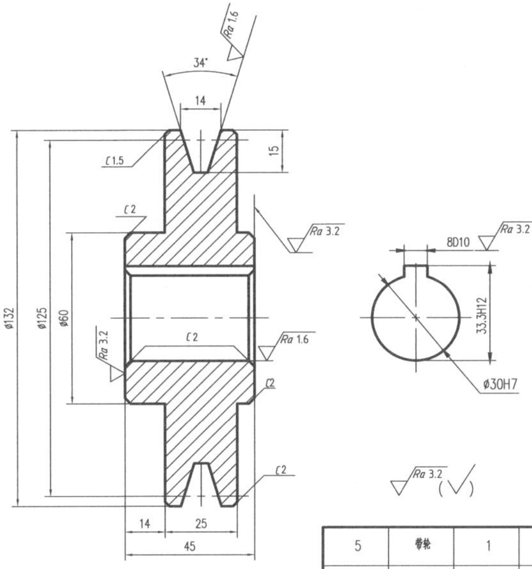

5	带轮	1	HT150
件号	名称	数量	材料

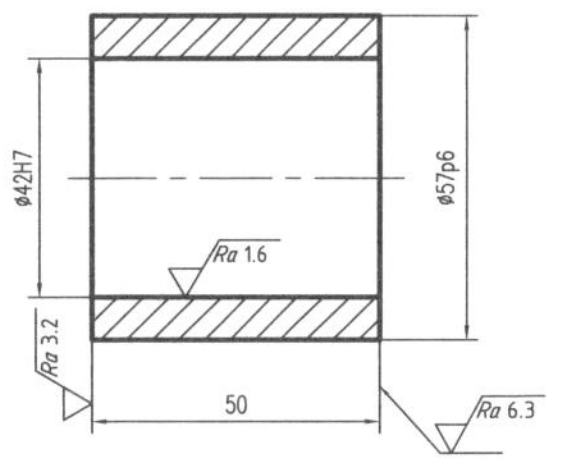

3	轴衬	1	ZCuAl9Mn2
件号	名称	数量	材料

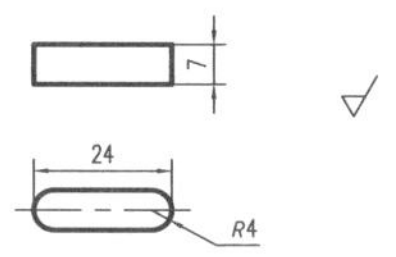

6	键	1	45
件号	名称	数量	材料

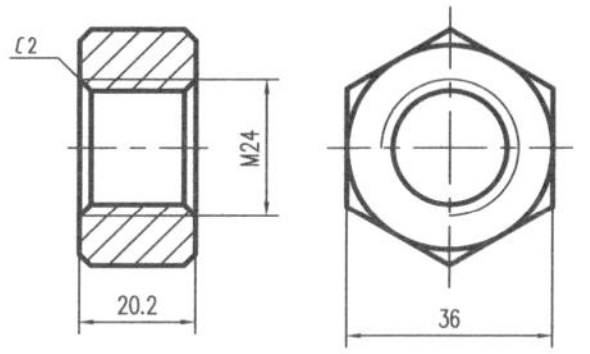

7	螺母	1	Q235
件号	名称	数量	材料

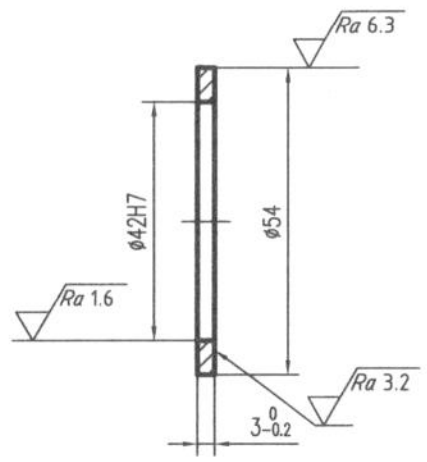

4	垫片	1	Q235
件号	名称	数量	材料

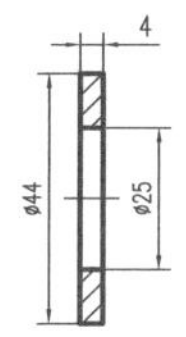

8	垫圈	1	Q235
件号	名称	数量	材料

任务三　识读装配图和拆画零件图

10.3.1　识读装配图，拆画左端盖1的零件草图(比例自定)	班级		姓名		学号	

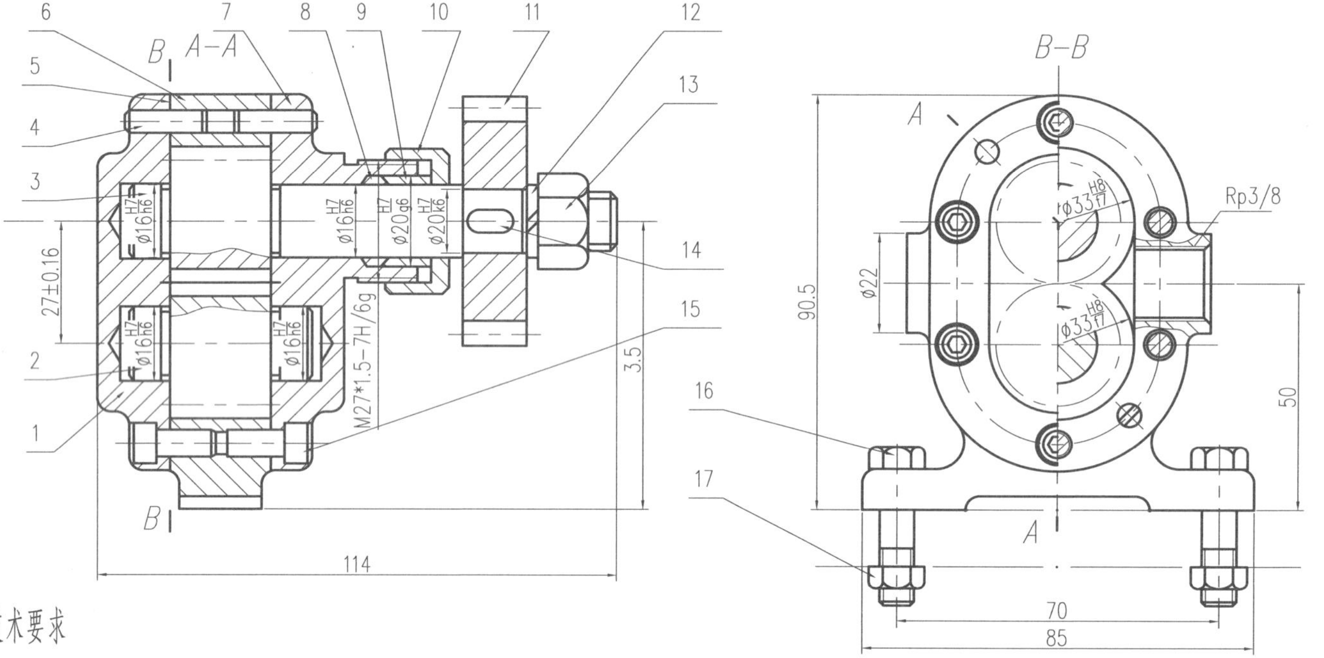

技术要求

1.齿轮安装后，用手动传动齿轮时，应灵活旋转。

2.两齿轮轮齿的啮合面占齿长的3/4以上。

序号	名称	件数	材料	备注
17	螺母M6	2	Q235	GB6170
16	螺栓M6×30	2	Q235	GB5782
15	螺钉M6×16	12	35	GB70
14	键5×10	1	45	GB1096
13	螺母M12×1.5	1	35	GB6171
12	垫圈12	1	65Mn	GB859
11	传动齿轮	1	45	m=2.5, Z=20
10	压紧螺母	1	35	
9	轴套	1	ZCuSn5PbZn5	
8	密封圈	1	橡胶	
7	右端盖	1	HT200	
6	泵体	1	HT200	
5	垫片	2	纸	b=1
4	销A5×18	4	45	GB119
3	传动齿轮轴	1	45	m=3, Z=9
2	齿轮轴	1	45	m=3, Z=9
1	左端盖	1	HT200	

齿轮油泵		比例	1:1
		件数	
制图		(校名)	
校核		(学号)	

西南大学出版社
SWUP 国家一级出版社 全国百佳图书出版单位

西南大学出版社
SWUP 国家一级出版社 全国百佳图书出版单位